中国林业植物授权新品种

（2017）

国家林业局科技发展中心
（国家林业局植物新品种保护办公室）　编

中国林业出版社

图书在版编目（CIP）数据

中国林业植物授权新品种 . 2017 / 国家林业局科技发展中心（国家林业局植物新品种保护办公室）编 . — 北京：中国林业出版社，2018.9

ISBN 978-7-5038-9752-8

Ⅰ . ①中… Ⅱ . ①国… Ⅲ . ①森林植物—品种—汇编—中国— 2017 Ⅳ . ① S718.3

中国版本图书馆 CIP 数据核字 (2018) 第 221072 号

责任编辑：何增明　张华

出版：中国林业出版社
网址：http：//lycb.forestry.gov.cn 电话：（010）83143566
社址：北京市西城区德内大街刘海胡同 7 号　邮编：100009
发行：中国林业出版社
印刷：北京中科印刷有限公司
开本：787mm×1092mm　1/16
版次：2018 年 9 月第 1 版
印次：2018 年 9 月第 1 次
印张：11
字数：296 千字
印数：1 ~ 1000 册
定价：138.00 元

中国林业植物授权新品种
（2017）
编委会

前　言

　　我国于 1997 年 10 月 1 日开始实施《中华人民共和国植物新品种保护条例》（以下简称《条例》），1999 年 4 月 23 日加入国际植物新品种保护联盟。根据《条例》的规定，农业部、国家林业局按照职责分工共同负责植物新品种权申请的受理和审查，并对符合《条例》规定的植物新品种授予植物新品种权。国家林业局负责林木、竹、木质藤本、木本观赏植物（包括木本花卉）、果树（干果部分）及木本油料、饮料、调料、木本药材等植物新品种权申请的受理、审查和授权工作。

　　国家林业局对植物新品种保护工作十分重视，早在 1997 年成立了植物新品种保护领导小组及植物新品种保护办公室；2001 年批准成立了植物新品种测试中心及 5 个分中心、2 个分子测定实验室；2002 年成立了植物新品种复审委员会；2005 年以来，陆续建成了月季、一品红、牡丹、杏、竹子 5 个专业测试站，基本形成了植物新品种保护机构体系框架。我国加入 WTO 以后，对林业植物新品种保护提出了更高的要求。为了适应新的形势需要，我们采取有效措施，加强林业植物新品种宣传，不断增强林业植物新品种保护意识，并制定有效的激励措施和扶持政策，有力推动了林业植物新品种权总量的快速增长。截至 2017 年年底，共受理国内外林业植物新品种申请 2811 件，其中国内申请 2324 件，占总申请量的 82.7%；国外申请 487 件，占总申请量的 17.3%。共授予植物新品种权 1358 件，其中国内申请授权数量 1170 件，占 86.2%；国外申请授权数量 188 件，占 13.8%。授权的植物种类中，观赏植物 879 件，占 64.7%；林木 273 件，占 20.1%；果树 129 件，占 9.5%；木质藤本 8 件，占 0.6%；竹子 7 件，占 0.5%；其他 62 件，占 4.6%。其中 2017 年共受理国内外林业植物新品种申请 623 件，授权 160 件。这充分表明，林业植物新品种保护事业已经进入快速发展时期。

　　植物新品种保护制度的实施大幅提升了社会对植物品种权的保护意识，同时带来了林业植物新品种的大量涌现，这些新品种已在我国林业生产建设中发挥重要作用。为了方便生产单位和广大林农获取信息，更好地为发展生态林业、民生林业和建设美丽中国服务，在以往工作的基础上，我们将 2017 年授权的 160 个林业植物新品种汇编成书。希望该书的出版，能在生产单位、林农和品种权人之间架起沟通的桥梁，使生产者能够获得所需的新品种，在推广和应用中取得更大的经济效益，同时，品种权人的合法权益能够得到有效的保护，获得相应的经济回报，使林业植物新品种在发展现代林业、建设生态文明、推动科学发展中发挥更大作用。

　　在本书的编写整理过程中，承蒙品种权人、培育人鼎力协助，提供授权品种的相关资料及图片，使本书编写工作顺利完成，特此致谢。编写过程中虽然力求资料完整准确，但匆忙中难免有疏漏之处，请大家不吝指正。

编委会

2018 年 5 月

目　录

金焰

（蔷薇属）

联系人：魏国振

联系方式：0871-65353380　国家：中国

申请日：2014年4月28日

申请号：20140061

品种权号：20170001

授权日：2017年10月17日

授权公告号：国家林业局公告（2017年第17号）

授权公告日：2017年10月27日

品种权人：云南云秀花卉有限公司

培育人：段金辉、薛祖旺

品种特征特性：'金焰'为灌木，植株直立。切枝长80～100cm；花单生于茎顶，花朵直径10～13cm；花色橙红底粉边，花瓣圆形、边缘波状；花瓣44～48枚；花丝黄色；萼片延伸强度中等，花梗长度中等而坚韧，有刺毛。顶端小叶卵圆形，叶片深绿色（嫩叶褐红色、嫩枝绿色）；羽状复叶，小叶5～7枚，小叶背绿色、叶缘复锯齿；顶端小叶渐尖型，叶面光泽中等；植株皮刺为斜直刺，黄绿色，在茎上分布较多，有刺毛。生长旺盛，抗病性中等，年产切花12支/株。'金焰'与近似品种'金辉'比较，在花色、花瓣等方面具有显著差异，详见下表。

性状	'金焰'	'金辉'
花色	红粉色	黄混色
花型	大花型	中花型
花瓣正面中央颜色	25A	35B
花瓣正面边缘颜色	34B	41A
花瓣背面中央颜色	N30B	17B
花瓣背面边缘颜色	40B	32A
副色分布	顶端	边缘

铺地红霞

（蔷薇属）

联系人：王佳

联系方式：010-62336321　国家：中国

申请日：2014年9月24日

申请号：20140161

品种权号：20170002

授权日：2017年10月17日

授权公告号：国家林业局公告

（2017年第17号）

授权公告日：2017年10月27日

品种权人：北京林业大学

培育人：潘会堂、赵红霞、张启翔、罗乐、丁晓六、王晶、刘佳、于超、程堂仁、王佳

品种特征特性：'铺地红霞'为匍匐灌木，株高30～45cm，冠幅70～80cm。茎干皮刺少，具平直刺，嫩枝上有紫红色小毛刺，老枝绿色，仅嫩枝紫红色。羽状复叶，小叶5～7枚，长椭圆形，叶缘紫色，具单锯齿，两面近无毛，上表面绿色，无光泽，背面浅绿色，叶长2～4cm，宽1～3cm，叶柄紫红色，背面具倒钩刺。多朵花聚生于枝顶，属伞形花序，具总苞，每朵花具小苞片；花玫红色（Red N57C-Red N66C），花瓣20～30枚，初开时花型高心翘角杯状，开放后呈盘状，直径5～6cm，开放末期会出现褪色，花量大，耐开，成束开放。萼片卵状披针形，5片均无延伸，缘有短白色柔毛和腺毛，内面具白色茸毛，外有腺点。花期5月初，一直持续到11月。'铺地红霞'与近似品种'红帽子'相比，其性状差异见下表。

品种	花型	花瓣数（枚）	花色	抗病力
'铺地红霞'	初开时高心翘角，开放后呈盘状	20～30	玫红色	强
'红帽子'	盘状	14～20	深红色	强

奥斯珂芩（Auskitchen）

（蔷薇属）

联系人：罗斯玛丽·威尔柯克斯

联系方式：+44-1902-376319　国家：英国

申请日：2015年4月16日

申请号：20150080

品种权号：20170003

授权日：2017年10月17日

授权公告号：国家林业局公告（2017年第17号）

授权公告日：2017年10月27日

品种权人：大卫奥斯汀月季公司（David Austin Roses Limited）

培育人：大卫·奥斯汀（David Austin）

品种特征特性：'奥斯珂芩'（Auskitchen）是经杂交选育而来的花坛月季新品种。该品种植株形态特征表现为灌木，植株高度中等；茎有皮刺，数量多；叶片小至中，上表皮光泽中等，小叶片叶缘波状曲线弱，顶端小叶卵圆形；无开花侧枝，花重瓣，直径中等，红紫色；花瓣数量中等，花瓣内侧主要颜色为红紫色64A，基部有浅黄色小斑点，外侧主要颜色近灰紫色186A，稍偏灰白。该品种与对照品种相比，其性状差异见下表。

性状	'奥斯珂芩'（Auskitchen）	'Auslounge'
皮刺数量	多（7）	中（5）
叶片上表面绿色	浅（3）	中（5）
花瓣内侧主要颜色	红紫色64A	近红紫色71D，但稍暗
花瓣内侧基部斑点	浅黄色（3）	白色（1）

奥斯布兰可（Ausblanket）

（蔷薇属）

联系人：罗斯玛丽·威尔柯克斯

联系方式：+44-1902-376319　国家：英国

申请日：2015年4月16日

申请号：20150082

品种权号：20170004

授权日：2017年10月17日

授权公告号：国家林业局公告
（2017年第17号）

授权公告日：2017年10月27日

品种权人：大卫奥斯汀月季公司
（David Austin Roses Limited）

培育人：大卫·奥斯汀（David Austin）

品种特征特性：'奥斯布兰可'（Ausblanket）是经杂交选育而来的花坛月季新品种。该品种植株形态特征表现为灌木，半直立，植株高度为中至高；茎有皮刺，数量少至中；叶片中至大，上表皮光泽中等，小叶片叶缘波状曲线弱，顶端小叶椭圆形；有开花侧枝，数量少至中；花重瓣，花瓣数量少，黄色，直径中至大；花瓣大，倒卵形，内侧为近黄橙色18C，但稍暗，顶部颜色变浅，基部有黄色小斑点。该品种与对照品种相比，其性状差异见下表。

性状	'奥斯布兰可'（Ausblanket）	'Austwist'
植株高度	中至高（6）	矮至中（4）
大小	较大，150cm×90cm	较小，90cm×60cm
茎干皮刺数量	少至中（4）	无或极少（1）
花瓣内侧主要颜色	近黄橙色18C，但稍暗	白色NN55B

奥斯诺波（Ausnoble）

（蔷薇属）

联系人：罗斯玛丽·威尔柯克斯
联系方式：+44-1902-376319　国家：英国

申请日：2015年8月18日

申请号：20150152

品种权号：20170005

授权日：2017年10月17日

授权公告号：国家林业局公告（2017年第17号）

授权公告日：2017年10月27日

品种权人：大卫奥斯汀月季公司（David Austin Roses Limited）

培育人：大卫·奥斯汀（David Austin）

品种特征特性：'奥斯诺波'（Ausnoble）是经杂交选育而来的花坛月季新品种。该品种形态特征表现为植株高度中等；茎有少量皮刺；叶片小至中；无开花侧枝；花重瓣，白色或近白色，直径大，花瓣数量多至极多，花瓣内侧基部无斑点。'奥斯诺波'几乎无皮刺，而'Ausprior'的皮刺数量中等；奥斯诺波叶片深绿色（147A），而'Ausprior'为浅绿色（137A）。该品种与对照品种相比，其性状差异见下表。

性状	'奥斯诺波'（Ausnoble）	'Ausprior'
叶片绿色	较深（147A）	较浅（137A）
皮刺数量	几乎无	中等

云香

（蔷薇属）

联系人：周宁宁
联系方式：15096660672　国家：中国

申请日：2014年9月1日
申请号：20140150
品种权号：20170006
授权日：2017年10月17日
授权公告号：国家林业局公告
（2017年第17号）
授权公告日：2017年10月27日
品种权人：云南省农业科学院花卉研究所
培育人：周宁宁、王其刚、邱显钦、李淑斌、王丽花、吴旻、张婷、晏慧君、蹇洪英、唐开学、张颢

品种特征特性：'云香'为宽灌木，植株直立，高70～90cm；花玫红色，具浓香，单生于茎顶，阔瓣大花型，花俯视形状为不规则圆形，花瓣正面颜色均匀，背面基本有白色，花瓣数45～55枚，花瓣阔瓣形，外轮花瓣边缘具缺裂，花径10～12cm，萼片延伸程度弱；花梗长，少量刺毛；5～7小叶，小叶卵圆形，叶脉清晰、深绿色、光泽度强，叶缘复锯齿、顶端小叶基部圆形，小叶叶尖渐尖形，嫩叶红褐色；花枝绿色；植株皮刺为斜直刺，细长，中下部较多，少量皮刺为黄绿色；植株生长旺盛，抗病性强。'云香'与近似品种'唐娜小姐'比较，在花瓣、叶片、刺等方面具有明显差异，其不同点见下表。

性状	'云香'	'唐娜小姐'
花瓣正面边缘颜色	RHS N57A	RHS N57C
花瓣正面中央颜色	RHS N57B	RHS N57C
花瓣背面边缘颜色	RHS N66C	RHS N57D
花瓣背面中央颜色	RHS N66B	RHS N57D
叶表面光泽	强	弱
小叶基部形状	圆形	楔形
长刺（大刺）数量	多	中等
刺形态	细长、黄绿色	下部较宽、黄褐色

瑞普吉0355a（Ruipj0355a）

（蔷薇属）

联系人：汉克·德·格罗特
联系方式：+31-206436516　国家：荷兰

申请日：2015年9月6日
申请号：20150180
品种权号：20170007
授权日：2017年10月17日
授权公告号：国家林业局公告
（2017年第17号）
授权公告日：2017年10月27日
品种权人：迪瑞特知识产权公司
（De Ruiter Intellectual Property
B.V.）
培育人：汉克·德·格罗特
（H.C.A. de Groot）

品种特征特性：'瑞普吉0355a'（Ruipj0355a）属于盆栽月季；为矮化型，为半直立生长，植株矮；嫩枝有花青素有着色，嫩枝花青甙显色程度中；皮刺数量少、颜色偏红色；叶片小，第一次开花之时上表面绿色、光泽中；小叶片叶缘波状曲线极弱到弱；顶端小叶卵圆形，基部钝形、叶尖尖；无开花侧枝，花蕾纵切面椭圆形；花型重瓣；花瓣数量中；花径小；花无香味，花萼边缘延伸程度弱；花瓣无边缘缺裂、呈倒卵圆形、大小小、长度中、宽度窄；花瓣内侧主要颜色是 RHS 31A；花瓣内侧基部有斑点，大小中，颜色橘黄；外部雄蕊花丝主要颜色为黄色。'瑞普吉0355a'（Ruipj0355a）与其近似品种'瑞普吉0999a'（Ruipj0999a）相比，主要不同点见下表。

性状	'瑞普吉0355a'	'瑞普吉0999a'
生长习性	半直立	直立
植株高度	矮	中
皮刺数量	少	多
花数量	多	少
花直径	小	中
花萼边缘延伸程度	弱	无或极弱
花瓣形状	倒卵圆形	圆形

薇薇瑞拉（**Vuvuzela**）

（蔷薇属）

联系人：汉克·德·格罗特

联系方式：+31-206436516　国家：荷兰

申请日：2015年8月28日

申请号：20150165

品种权号：20170008

授权日：2017年10月17日

授权公告号：国家林业局公告
（2017年第17号）

授权公告日：2017年10月27日

品种权人：迪瑞特知识产权公司
（De Ruiter Intellectual Property B.V.）

培育人：汉克·德·格罗特
（H.C.A. de Groot）

品种特征特性：'薇薇瑞拉'（Vuvuzela）属于盆栽月季，植株矮。嫩枝有花青素着色，着色强度弱到中；皮刺数量中、偏黄色；叶片极大，第一次开花时为绿色；叶片上表面光泽中到强；小叶片叶缘波状曲线弱；顶端小叶为卵形，小叶叶基部为圆形、叶尖部形状尖；花形为重瓣；花瓣数量多到极多；花径小到中；花为不规则圆形；花侧视上部平凸、下部平凸；花香无或极弱；萼片伸展范围中到强；花瓣短；花瓣内侧主要颜色为2种，且均匀，主要颜色是淡黄橙色RHS 22D，次要颜色是淡蓝粉色RHS56B；花瓣内侧基部有斑点，斑点大小中到大，花瓣外侧主要颜色为紫红色RHS55A，外轮花瓣颜色更深，外部雄蕊花丝主要颜色为中黄色。'薇薇瑞拉'（Vuvuzela）与其近似品种'瑞姆0048'（Ruimcm0048）相比，主要不同点见下表。

性状	'薇薇瑞拉'	'瑞姆0048'
叶片大小	极大	大
叶片上表面颜色	中绿	暗绿
叶片基部形状	圆形	心脏形
萼片伸展范围	中到强	无或极弱
花瓣内侧主要颜色	淡黄橙色 RHS 22D	RHS 12C 到 15C
花瓣外侧主要颜色	紫红色 RHS 55A	RHS 36B

白雪

（蔷薇属）

联系人：田连通

联系方式：0871-5693019　国家：中国

申请日：2011年11月10日

申请号：20110131

品种权号：20170009

授权日：2017年10月17日

授权公告号：国家林业局公告
（2017年第17号）

授权公告日：2017年10月27日

品种权人：云南锦苑花卉产业股
份有限公司

培育人：倪功、曹荣根、田连
通、白云评、乔丽婷、阳明祥

品种特征特性：'白雪'是用母本'香水女人'、父本'雪山'进行杂交选育获得。常绿灌木，植株高70～90cm。皮刺密度中等，刺基部紫色，尖部为淡绿色。顶端小叶数3～5片，顶端小叶叶尖锐尖，叶基钝。花蕾卵形。花重瓣，中花型品种。'白雪'与近似品种比较的主要不同点见下表。

品种	花瓣颜色	花朵大小
'白雪'	白混色（RHS: 157C）	中花型
'小白兔'	白混色（花瓣正面 RHS: 155B，花瓣背面 RHS: 155C）	大花型

锦秀

（蔷薇属）

联系人：田连通
联系方式：13518743690　国家：中国

申请日：2012年12月1日
申请号：20120203
品种权号：20170010
授权日：2017年10月17日
授权公告号：国家林业局公告
（2017年第17号）
授权公告日：2017年10月27日
品种权人：云南锦苑花卉产业股
份有限公司
培育人：倪功、曹荣根、田连
通、白云评、乔丽婷、阳明祥

品种特征特性：'锦秀'是用母本'白玉'、父本'橙汁'杂交培育获得。常绿灌木，植株高 70～90cm。皮刺属斜直刺，密度大。小叶数 3～5 片，顶端小叶叶尖锐尖，叶基圆形。花蕾卵形，花型为高心翘角状、重瓣花，属中花型品种。花瓣正面粉红色（RHS 55B），背面为粉红色（RHS 55C）。'锦秀'与近似品种比较的主要不同点见下表。

性状	'锦秀'	'艳粉'
花瓣颜色	粉红色，正面（RHS 55B），背面（RHS 55C）	红色，正面（RHS 48B），背面（RHS 48D）
皮刺形态	斜直刺	弯刺
叶缘锯齿	深	浅

宝石

（蔷薇属）

联系人：田连通

联系方式：13518743690　国家：中国

申请日：2012年12月1日

申请号：20120200

品种权号：20170011

授权日：2017年10月17日

授权公告号：国家林业局公告
（2017年第17号）

授权公告日：2017年10月27日

品种权人：云南锦苑花卉产业股
份有限公司

培育人：倪功、曹荣根、田连
通、白云评、乔丽婷、阳明祥

品种特征特性：'宝石'是用母本'沉香'、父本'倾心'杂交培育获得。常绿灌木，植株高80～100cm。皮刺密度大，叶片上表面光泽度中等、小叶数3～5片、顶端小叶叶尖锐尖，叶基圆形。花蕾卵形，重瓣花，属中花型品种。花瓣正面橙红色（RHS N30B），背面为浅红色（RHS N32B）。'宝石'与近似品种比较的主要不同点见下表。

性状	'宝石'	'艳粉'
花瓣颜色	正面橙红色（RHS N30B），背面为浅红色（RHS N32B）	红色，正面（RHS 48B），背面（RHS 48D）
皮刺形态	直刺	弯刺
叶片上表面光泽度	中等	强

碧云

（蔷薇属）

联系人：田连通
联系方式：13518743690 国家：中国

申请日：2012年12月1日
申请号：20120206
品种权号：20170012
授权日：2017年10月17日
授权公告号：国家林业局公告
（2017年第17号）
授权公告日：2017年10月27日
品种权人：云南锦苑花卉产业股份有限公司
培育人：倪功、曹荣根、田连通、白云评、乔丽婷、阳明祥

品种特征特性：'碧云'是用母本'白玉'、父本'橙汁'杂交培育获得。常绿灌木，植株高50～70cm。皮刺密度小，叶片上表面光泽度强，小叶数3～5片，顶端小叶叶尖锐尖，叶基圆形。花蕾卵形，花型为高心翘角状、重瓣花，属中花型品种。花瓣正面主色粉红色（RHS 69C），次色为浅粉色（RHS 69A）。'碧云'与近似品种比较的主要不同点见下表。

性状	'碧云'	'戴安娜'
花瓣正面颜色	主色粉红色（RHS 69C），次色为浅粉色（RHS 69A）	粉红色（RHS 55D）
叶缘锯齿	浅、窄	深、宽

暗香

（蔷薇属）

联系人：巢阳

联系方式：13691126752　国家：中国

申请日：2015年10月26日
申请号：20150228
品种权号：20170013
授权日：2017年10月17日
授权公告号：国家林业局公告
（2017年第17号）
授权公告日：2017年10月27日
品种权人：北京市园林科学研究院
培育人：巢阳、勇伟、冯慧、周燕

品种特征特性：'暗香'为丰花类月季，花黑红色，自根苗花径6～8cm，花瓣20～35枚，盘状花型，花瓣圆形，花朵成束开放，每支花束花朵数可达15朵；花有甜香。在北京市地区露地栽培条件下，自然花期为5月中旬至11月中旬，为连续花期，夏季花径变小，花瓣数减少，花量减少。花后结实。株形直立、紧凑，自然株高可达1.3m，枝条略细，嫩枝红色。叶卵圆形至圆形，色中绿，无光泽。刺大小不一，直刺，刺数量较少。'暗香'与其近似品种'曼海姆宫殿'相比，主要不同点见下表。

性状	'暗香'	'曼海姆宫殿'
株型	直立、紧凑	半开张
叶上表面颜色	中绿	深绿
叶表面光泽	弱	强
花瓣内侧主要颜色	黑红色至深红色 RHS59A	朱红色 RHS45B

荷克玛丽沃（**Hokomarevo**）

（绣球属）

联系人：皮特·考斯特
联系方式：+31-172-217090 国家：荷兰

申请日：2016年5月12日
申请号：20160099
品种权号：20170014
授权日：2017年10月17日
授权公告号：国家林业局公告
（2017年第17号）
授权公告日：2017年10月27日
品种权人：荷兰考斯特控股公司（Kolster Holding BV, The Netherlands）
培育人：皮特·考斯特（Peter Kolster）

品种特征特性：植株（非藤本类型）直立，株高矮到中，株幅中；幼枝（约20cm处）花青甙显色无、呈绿色；叶片大小中，长度中、宽度中，边缘波状中，卵圆形，颜色中绿（首花时），叶表光泽度中；花序直径中，球形；不孕花：花萼直径小、单花型，花瓣重叠多，花瓣主色深红（62C）、次色呈绿。'荷克玛丽沃'与其近似品种'西安'相比，主要不同点见下表。

品种	花苞片颜色	花序大小、数目	叶片大小	株高
'荷克玛丽沃'	灰粉带绿色	较大而繁多	小	矮到中
'西安'	暗粉不带绿色	大、数目一般	大	中到高

荷2002（H2002）

（绣球属）

联系人：伊可敏（Kim van Rijssen）
联系方式：13051065119　国家：日本

申请日：2016年7月4日
申请号：20160157
品种权号：20170015
授权日：2017年10月17日
授权公告号：国家林业局公告
（2017年第17号）
授权公告日：2017年10月27日
品种权人：入江亮次（Ryoji Irie）
培育人：入江亮次（Ryoji Irie）

品种特征特性： 植株（非藤本类型）直立、球形，平均株高45cm；幼枝颜色166B–200D、呈绿色；叶片阔卵形、大小中，长度中、宽度中，边缘波状中，颜色中绿（首花时），叶表光泽度中；花序直径中，球形；全为不孕花：花萼直径小，花瓣重叠多，花瓣主色深红（62C）、次色呈绿。花期在荷兰可从5月开至10月。'荷2002'与其近似品种'自由'（Freedom）和'完美'（Perfection）相比，主要不同点见下表。

品种	不孕花苞片颜色	不孕花苞片
'荷2002'	内部淡粉、边缘红色	阔卵形
'自由'	粉色	窄卵形
'完美'	红粉	窄卵形

洱海秀

（杜鹃花属）

联系人：刘国强

联系方式：0872-2465379 国家：中国

申请日：2012年8月17日
申请号：20120133
品种权号：20170016
授权日：2017年10月17日
授权公告号：国家林业局公告
（2017年第17号）
授权公告日：2017年10月27日
品种权人：大理苍山植物园生物
科技有限公司、云南特色木本花
卉工程技术研究中心
培育人：李奋勇、张长芹、刘国
强、钱晓江、张馨

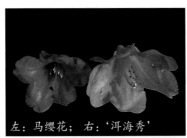
左：马缨花； 右：'洱海秀'

左：马缨花； 右：'洱海秀'

左：马缨花； 右：'洱海秀'

左：马缨花； 右：'洱海秀'

品种特征特性：'洱海秀'是从大理苍山西坡漾濞彝族自治县采集的马缨花种子播种后代中选育而来。常绿灌木，高1~2.5m。顶生伞形花序，有花16~18朵，花内部两色，花冠上部浅红色（RHS Red 40D），下部白色（RHS WhiteNN155A），内无蜜腺囊，花期3~4月。'洱海秀'与近似种马缨花杜鹃比较，其不同点见下表。

性状	'洱海秀'	马缨花杜鹃
株高（m）	1~2.5	3~12
叶片	卵状披针形	披针形
叶片	背面有灰白色毛被	背面有棕色毛被
花序	伞型花序，有花16~18朵	伞型花序，有花10~20朵
花冠	宽漏斗状钟形	钟形
花色	两色，冠筒上部浅红色（RHS Red 40D），下部白色（RHS White NN155A）	深红色（RHS Red 44D）
花冠筒	上方洁净，无蜜腺囊	有5枚黑红色蜜腺囊
雄蕊（枚）	9~11	10
花丝	上部白色，底部淡红色	白色
柱头	柱头小，褐色	大，黑褐色

喜红烛

（杜鹃花属）

联系人：刘国强
联系方式：0872-2465379　国家：中国

申请日：2012年8月17日
申请号：20120135
品种权号：20170017
授权日：2017年10月17日
授权公告号：国家林业局公告
（2017年第17号）
授权公告日：2017年10月27日
品种权人：大理苍山植物园生物
科技有限公司、云南特色木本花
卉工程技术研究中心
培育人：李奋勇、张长芹、刘国
强、钱晓江、张馨

左：马缨花；右：'喜红烛'

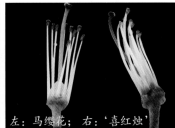

左：马缨花；右：'喜红烛'

左：马缨花；右：'喜红烛'

左：马缨花；右：'喜红烛'

品种特征特性：'喜红烛'是从高黎贡山采集的马缨花杜鹃种子经漂浮育苗的实生苗中选育而来，常绿灌木，高1.2～2.5m。顶生伞形花序，有花11～13朵，花红紫色（RHS Red purple61D），阔漏斗状钟形，花冠内部有斑点，基部有1枚蜜腺囊，花丝粉红色，花期2～3月。与近似种马缨花相比，其不同点见下表。

性状	'喜红烛'	马缨花
株高（m）	1.2～2.5	3～12
叶片	椭圆状披针形，长6.3～10.8cm，宽1.9～3.4cm	长圆状披针形，长7～15cm，宽1.5～4.5cm
叶先端	先端凸尖	钝尖或急尖
叶基部	近圆形	楔形
叶柄	扁形，上部有槽，紫黑色	圆柱形，绿色
花序	伞型花序，11～13朵	10～20朵
花冠	阔漏斗状钟形	钟形
花色	红紫色（RHS Red purple61D）	深红色（RHS Red 44D）
花冠	中上部有斑点，基部有1枚蜜腺囊	有5枚黑红色蜜腺囊
花丝	淡粉红色	白色
柱头	柱头紫红色，小	黑褐色，大

宁绿

（槭属）

联系人：荣立苹
联系方式：13813805804 国家：中国

申请日： 2013年9月6日
申请号： 20130139
品种权号： 20170018
授权日： 2017年10月17日
授权公告号： 国家林业局公告
（2017年第17号）
授权公告日： 2017年10月27日
品种权人： 江苏省农业科学院
培育人： 李倩中、李淑顺、唐玲、闻婧、荣立苹

品种特征特性： '宁绿'属半常绿乔木。单叶对生，叶厚纸质，浅3裂，各裂片形状不同，中央裂片三角卵形，侧裂片三角形；基部楔形，外貌椭圆形或倒卵形；成熟叶上表面深绿色，下表面淡绿色。花期4月，花多数常成顶生，被短柔毛的伞房花序，直径约3cm，花瓣5，淡黄色。果期8月，翅果黄褐色，张开呈锐角或近于直立。秋季叶片不变色，落叶期在12月下旬至翌年1月上旬。'宁绿'与相似品种对比，其不同点见下表。

性状	'宁绿'	普通三角枫
落叶期	12月下旬	11月下旬
嫩叶颜色	绿色	暗红色
叶片裂片	各裂片形状不同，中央裂片三角卵形，侧裂片三角形	各裂片形状相同，呈三角卵形

左：'宁绿'；右：普通三角枫

左：'宁绿'；右：普通三角枫

大棠婷美

（苹果属）

联系人：沙广利
联系方式：15966885645　国家：中国

申请日：2013年12月30日
申请号：20130177
品种权号：20170019
授权日：2017年10月17日
授权公告号：国家林业局公告
（2017年第17号）
授权公告日：2017年10月27日
品种权人：青岛市农业科学研究院
培育人：沙广利、黄粤、马荣群、王芝云、孙吉禄、宫象晖

品种特征特性：'大棠婷美'是观赏海棠新品种。树干挺拔，树形为柱形。枝条褐色，幼蕾红色。花朵大，花形浅杯状。花瓣阔椭圆形，稍重叠，脉络明显；粉红色，色泽均一，基部稍浅，花瓣内外颜色一致。幼叶红色，无茸毛，随着叶片展开转为绿色，叶形指数大；叶柄中长，叶缘锯齿钝，有明亮光泽；叶上表面色泽浓绿，落叶前呈红褐色。结果多，果实小，扁圆形，脱萼，萼痕明显，果梗中长，果实初期紫色有果粉，后期转为红色，有光泽。果肉黄色，果实挂果时间中，一般11月底脱落。开花时间早，青岛地区一般在4月中下旬。

'大棠婷美'适宜种植于中国北方及与苹果产区类似生态条件的地区。

泓森槐

（刺槐属）

联系人：侯金波

联系方式：15055555568　国家：中国

申请日： 2014年10月14日
申请号： 20140166
品种权号： 20170020
授权日： 2017年10月17日
授权公告号： 国家林业局公告
（2017年第17号）
授权公告日： 2017年10月27日
品种权人： 安徽泓森高科林业股
份有限公司
培育人： 侯金波、王廷敞、杨倩
倩、彭晶晶、刘振华、董绍贵、
石冠旗

品种特征特性： '泓森槐'为高大乔木，窄冠型，其树干形率可达到 0.78；树干通直向上，树冠紧凑圆满，分枝角度 30°～40°，树枝在树冠内均匀分布，形成圆满树冠。高 25m 左右，树皮褐色或浅灰色。单数羽状复叶，复叶长 25～40cm；叶互生，长 7～12cm，叶柄长 1～3cm，叶片宽 4～7cm，基部膨大；椭圆形至长卵形，或长圆状披针形，先端圆形或钝头，有时微凹，有小细刺尖，全缘，光滑或幼时被短柔毛，叶质厚，鲜绿色。花序腋生，花白色，甚芳香，密生成总状花序，作下垂状，长 10～20cm，花轴有毛，花梗长 7mm，有密毛；花冠蝶形，由旗瓣、翼瓣和龙骨瓣组成，其中旗瓣基部有一黄斑；雄蕊 102 体；子房圆筒状，花柱头状；花期初夏。'泓森槐'与近似种当地普通刺槐相比，其差异性见下表。

性状	'泓森'槐	当地普通刺槐
分枝夹角（°）	30～40	60～90
单叶平均长、宽（cm）	长 7～12，宽 4～7	长 4～6，宽 1.5～3
株高（2 年生）（cm）	750	550
树皮色	浅灰色	深灰
树叶厚度（cm）	0.08	0.05
萌芽期	4 月 5 日	4 月 12 日

朱凝脂

（厚皮香属）

联系人：范文锋

联系方式：0571-28931732　国家：中国

申请日：2014年10月30日

申请号：20140193

品种权号：20170021

授权日：2017年10月17日

授权公告号：国家林业局公告
（2017年第17号）

授权公告日：2017年10月27日

品种权人：浙江森禾种业股份有限公司

培育人：王春、郑勇平、顾慧、王越、尹庆平、陈慧芳、项美淑、张光泉、陈岗、刘丹丹

品种特征特性：'朱凝脂'属常绿灌木，全株无毛；树皮平滑。嫩枝红褐色。嫩叶正面灰紫色（RHS 176A），背面紫绿色；叶革质，通常聚生于枝端，边全缘。花两性或单性，通常生于当年生无叶的小枝上或生于叶腋；两性花花瓣淡黄白色。果实圆球形；种子肾形，成熟时肉质假种皮红色。花期5～7月，果期8～10月。

'朱凝脂'在厚皮香的自然分布区域均适于种植，主要分布区域为我国华东、华中、华南及西南地区，如安徽、浙江、江西、福建、广东、广西、湖北等地，为中下层林木苗木。菲律宾、马来西亚、日本等国家也有分布。

喜阴湿环境，在常绿阔叶树下生长旺盛。也喜光，较耐寒，能忍受−10℃低温。喜酸性土，也能适应中性土和微碱性土。根系发达，抗风力强，萌芽力弱且不耐强度修剪，但轻度修剪仍可进行，生长缓慢。抗污染力强。

龙仪芳

（樟属）

联系人：陈乐文
联系方式：15355091155　国家：中国

申请日：2015年1月21日
申请号：20150009
品种权号：20170022
授权日：2017年10月17日
授权公告号：国家林业局公告
（2017年第17号）
授权公告日：2017年10月27日
品种权人：宜兴市香都林业生态
科技有限公司
培育人：陈乐文、洪伟、吴世华

品种特征特性：'龙仪芳'是常绿大乔木，四季常绿。树皮灰褐色或黄褐色，小枝淡褐色，光滑。叶互生，革质，卵状椭圆形以至卵形，长7~15cm，宽5~9cm，先端尖；边缘轻微内卷；全缘或呈波状，上面深绿色有光泽，下面灰绿色，无毛，叶背面无白粉，嫩芽幼叶深红色，脉在基部以上三出，脉腋内有隆起的腺体。花小，绿白色，长约2mm；花被5裂，椭圆形，长约3mm；子房卵形，光滑无毛，花柱短；柱头头状。核果球形，熟时紫黑色，果托杯状，果梗不增粗。花期2~4月，果期6~8月。'龙仪芳'与近似品种'龙脑1号'及'龙脑樟L-1'普通樟树相比，其不同点见下表。

性状	'龙仪芳'	'龙脑樟L-1'（新晃）	'龙脑1号'（吉安）	普通樟树
树皮	幼时平滑，成熟纵裂	平滑	纵裂	纵裂
叶生	叶互生	叶互生	叶对生或近对生	叶对生或近对生
叶形及大小	卵形，先端尖；边缘轻微内卷；长7~15cm，宽5~9cm叶背面无白粉，嫩芽幼叶深红色	先端骤短渐尖或长渐尖，尖头常呈镰形，边缘内卷；长6~12cm，宽3.5~6.5cm	先端尖；边缘微波状；长6~12cm，宽2.5~5.5cm	先端尖；边缘微状；长3~10cm，宽2~4.5cm，背面有白粉。嫩芽幼叶青绿色
叶脉	离基三出脉	通常羽状脉	离基三出脉	通常羽状脉

丹玉

（含笑属）

联系人：范继才
联系方式：13808023398　国家：中国

申请日：2015年1月24日
申请号：20150017
品种权号：20170023
授权日：2017年10月17日
授权公告号：国家林业局公告
（2017年第17号）
授权公告日：2017年10月27日
品种权人：范继才、罗泽治、李天兴
培育人：罗泽治、范继才、易同培

品种特征特性：'丹玉'是木兰科含笑属（*Michelia*）新品种。常绿乔木，全株无毛；树皮浅灰色；芽、嫩枝、叶背、苞片均多少被白粉。叶革质，长圆状椭圆形，长8～12cm，宽3～6cm，先端骤狭短渐尖或短渐尖，基部楔形、宽楔形；叶柄无托叶痕。花极芳香，1～2个生于叶腋，花被片7～9，上部淡红色，下部深紫红色，长4.5～5cm，宽1.5～2.4cm；雄蕊深紫红色，长1.7～2.2cm，花丝长6～8mm，心皮连柱头紫红色，长2.5～5mm。花期2～4月，偶有二次开花，时间为6～8月，果期8～10月。

　　'丹玉'喜光照充足、温暖湿润的环境，栽培以疏松肥沃、排水良好的土壤为宜。本品种适宜种植于四川、云南、湖南、贵州、广东、香港及气候相近地区。

　　该品种的繁殖，通常选择含笑属、木兰属生长健壮的1～2年生的实生苗作砧木进行嫁接，也可进行播种繁殖。

中林1号

（卫矛属）

联系人：王木林
联系方式：13661349828　国家：中国

申请日：2015年3月19日
申请号：20150040
品种权号：20170024
授权日：2017年10月17日
授权公告号：国家林业局公告
（2017年第17号）
授权公告日：2017年10月27日
品种权人：北京中林常绿园林科
技中心
培育人：王木林

品种特征特性：‘中林1号’是冬青卫矛与胶州卫矛的杂交种。常绿大灌木，倒窄卵形，高4m。长枝较发达，小枝较粗壮，有短枝。叶交互对生，革质有光泽，菱状倒卵形，稀椭圆形。叶长3～5.5cm、宽2.5～3cm，先端凸尖或钝尖，基部宽楔形或楔形，边缘中上部有波状锯齿，主脉背面为凸，侧脉5～7，表面浅绿色，背面冬季变为淡锈色，长枝上部向阳面叶变色明显，叶柄长3～5mm，花序梗长4～5cm。

产于北京市长城以南，可以在西至银川、甘肃南部，东至唐山、天津以南，东南至大连以西，南至长江以南的低海拔地区生长，干旱地带需要在有水灌溉的城镇栽种。可以嫁接在丝绵木上。

‘中林1号’冬态

普缇

（七叶树属）

联系人：张林
联系方式：13803848626　国家：中国

申请日：2015年4月29日

申请号：20150084

品种权号：20170025

授权日：2017年10月17日

授权公告号：国家林业局公告
（2017年第17号）

授权公告日：2017年10月27日

品种权人：河南四季春园林艺术
工程有限公司、鄢陵中林园林工
程有限公司

培育人：张林、刘双枝、张文馨

品种特征特性：'普缇'为七叶树科七叶树属植物。2009年在河南
四季春花木基地实生苗中发现的彩叶变异单株。落叶大乔木，单一
主干，树冠呈卵形。叶子呈掌状，复叶对生；通常由小叶7枚，幼
树叶5~7枚；生长过程中从春至夏叶子颜色由紫红色变至粉红色，
偶带黄色，幼叶嵌绿色，成熟叶嵌浅黄至近白色；秋季叶呈红褐色，
叶为纸质地，小叶柄短，中间小叶表面无毛，叶面粗糙，背面有稀
疏茸毛，叶缘呈锯齿状，叶基楔形。成龄树树高可达20m，树干直
径可达1.5m。树体雄伟，树荫浓密，宛若华盖，叶大而形美。

'普缇'为中等喜光树种，幼树喜阴，对光照要求不严，喜温
暖湿润气候，较耐寒，怕干热，夏季在干燥强日照下偶有日灼病发
生。'普缇'属深根树种，萌芽力不强，生长缓慢，但寿命较长，
病虫害少。在我国七叶树能生长的地区均适宜其生长。

春香

（连翘属）

联系人：王佳

联系方式：010-62336321　国家：中国

申请日：2015年7月1日

申请号：20150121

品种权号：20170026

授权日：2017年10月17日

授权公告号：国家林业局公告
（2017年第17号）

授权公告日：2017年10月27日

品种权人：北京林业大学

培育人：潘会堂、张启翔、申建双、石超、叶远俊、胡杏、程堂仁、王佳、丁晓六

品种特征特性：'春香'为直立灌木，株高1.3～1.5m，3年生植株冠幅1.5～1.6m。长势中等，枝干紧密，当年生枝髓心中空，老枝髓心具膜；当年生枝绿色，皮孔少；具单叶和三小叶复叶；叶片卵圆形，叶片质地纸质；叶片春季绿色，夏季深绿色，秋季紫绿色；叶面及叶背无毛；叶基圆形，当年生枝上叶片具粗锯齿，老枝上叶片具细锯齿；花单生、长花柱，花的着生密度中等，花冠口直径3cm左右，花瓣浅黄色，花裂片窄椭圆形，花冠筒心脉黄色，雌雄蕊长度比长；花萼上端为红褐色、宿存，萼片与花冠筒长度比2∶3；有果喙；抗寒性强。连续观察2年，性状稳定。连翘'春香'与对照品种'Courtaneur'主要性状差异见下表。

性状	'春香'	'Courtaneur'
枝条节间	长	短
花香	有香味	无香味
叶形状	卵圆形	披针形

斑斓

（山茱萸属）

联系人：李长海
联系方式：13945690164　国家：中国

申请日：2015年7月7日
申请号：20150126
品种权号：20170027
授权日：2017年10月17日
授权公告号：国家林业局公告
（2017年第17号）
授权公告日：2017年10月27日
品种权人：黑龙江省森林植物园
培育人：李长海、郁永英、翟晓鸥、宋莹莹、范淼

品种特征特性：'斑斓'为落叶灌木，高可达2～3m。树皮暗紫红色，直立；幼枝浅绿有浅红晕，有白伏毛，2年生枝紫红色或暗紫红色，有散生皮孔。单叶对生，叶片披针形至长圆状卵形，长3～10cm，宽2～4cm，先端渐尖，基部楔形；叶片绿色，镶有不规则白色或浅黄色条状斑纹，下面黄白色、被糙伏毛，侧脉5对，脉腋簇生小乳头状长柔毛；叶芽黄红色，新生幼叶有黄绿色黄斑纹；叶柄有红晕。聚伞形花序，直径2～5cm，有小花20～30朵，白色，花瓣4，长3mm。核果白色，球形，直径约7mm。种子暗灰色，表面光滑，呈扁球形。花期5～8月；果期7～10月。

'斑斓'喜光，耐寒，耐旱；生长快，抗性强，喜冷凉气候环境。对土壤要求不严，能耐瘠薄，除重盐碱土壤外，几乎各类土壤上均能正常生长。因此，适宜我国北方地区种植。

辉煌

（山茱萸属）

联系人：李长海
联系方式：13945690164　国家：中国

申请日：2015年7月7日
申请号：20150127
品种权号：20170028
授权日：2017年10月17日
授权公告号：国家林业局公告
（2017年第17号）
授权公告日：2017年10月27日
品种权人：黑龙江省森林植物园
培育人：李长海、郁永英、翟晓
鸥、宋莹莹、范淼

品种特征特性：'辉煌'为落叶灌木，高可达3~4m。树皮暗紫红色，直立；幼枝浅绿或浅黄色，有白伏毛，2年生枝紫红色或暗紫红色，有散生皮孔。单叶对生，叶片披针形至长圆状卵形，长4~10cm，宽1.5~4cm，先端渐尖，基部圆形；叶全缘，上面金黄色，近无毛，下面灰白黄色，被伏毛，侧脉5对，脉腋簇生长柔毛。聚伞形花序，直径3~6cm，有小花30~50朵；花白色，花瓣4枚，长3mm。核果白色，球形，直径约8mm。种子暗灰色，表面光滑，呈扁球形。花期5~9月，果期7~10月。

'辉煌'喜光，要求种植在阳光充足的环境，在庇荫处则长势弱，开花稀少，叶色浅绿。抗寒性强，耐旱性强，对土壤要求不严且能耐瘠薄，除重盐碱土壤外，几乎各类土壤上均能正常生长。该品种喜冷凉气候环境，在盛夏超过36℃以上干热、高温时，叶片有日灼现象发生。适宜我国北方地区栽培。

春季

夏季

叶

茎、叶、花蕾

中柿3号

（柿）

联系人：刁松锋
联系方式：0371-65996829　国家：中国

申请日：2015年8月31日
申请号：20150170
品种权号：20170029
授权日：2017年10月17日
授权公告号：国家林业局公告
（2017年第17号）
授权公告日：2017年10月27日
品种权人：国家林业局泡桐研究
开发中心、西北农林科技大学
培育人：杨勇、傅建敏、孙鹏、
刁松锋、韩卫娟、索玉静、李芳
东、朱高浦、李树战、罗颖

品种特征特性：'中柿3号'为柿属（*Diospyros*）柿（*Diospyros kaki* Thunb.）的一个新品种，是国家林业局泡桐研究开发中心（中国林业科学院经济林研究开发中心）柿属植物研究团队2011年进行资源收集时从国家柿种质资源圃引入的资源中发现的叶色特异的资源，经多年测试，其叶色特异性状在后代表现出稳定性和一致性，具有较高观赏价值。

柿春夏叶色多为淡绿色、绿色且比较稳定，'中柿3号'嫩枝黄绿色，树体春季嫩叶亮黄色，夏季嫩叶红褐色，夏季中龄叶黄绿色。'中柿3号'叶色特征与近似品种区别明显，且具有一致性和遗传稳定性。

'中柿3号'是深根性的喜光树种，喜温暖气候和排水良好的土壤，适生于中性土壤，较能耐寒，但较能耐瘠薄，抗旱性强，不耐盐碱土，其适生区与柿相同。

绿衣紫鹃

（木兰属）

联系人：杨科明
联系方式：13202090952　国家：中国

申请日：2015年9月30日
申请号：20150201
品种权号：20170030
授权日：2017年10月17日
授权公告号：国家林业局公告
（2017年第17号）
授权公告日：2017年10月27日
品种权人：中国科学院华南植物园
培育人：杨科明、陈新兰、叶育石、廖景平

品种特征特性：'绿衣紫鹃'是以长叶木兰（*Magnolia paenetalauma* Dandy）为母本、'美丽'二乔玉兰（*Magnolia × soulangeana* Soul.–Bod. 'Meili'）为父本杂交选育获得。常绿小乔木。小枝绿色，芽、小枝、嫩叶背面、叶柄、苞片和花梗均被淡褐色柔毛。叶革质，狭椭圆形或披针状椭圆形，先端渐尖，基部楔形；托叶痕几达叶柄顶端。花蕾卵状椭圆体形；花被片9，外轮3片革质，黄绿色（RHS 146B-D），椭圆形，中内轮6片厚肉质，紫红色（RHS N186D），倒卵形；药隔淡紫色（RHS 73B-C）；雌蕊群卵状椭圆体形。花期3月下旬至5月下旬，8月还可陆续开花；暂未结实。喜光线充足、温暖湿润的环境，适宜种植于热带至亚热带的大部分地区。'绿衣紫鹃'与长叶木兰、'美丽'二乔玉兰比较的不同点见下表。

品种	习性	叶片形状	中内轮花被片内表面颜色	药隔颜色
'绿衣紫鹃'	常绿小乔木	狭椭圆形或披针状椭圆形	紫红色（RHS N186D）	淡紫色（RHS 73B-C）
长叶木兰（母本）	常绿小乔木	狭椭圆形、卵状椭圆形或倒披针形	白色	乳白色
'美丽'二乔玉兰（父本）	落叶小乔木或灌木	狭倒卵形或倒卵形	白色	紫红色

香绯

（含笑属）

联系人：徐慧

联系方式：020-85189308　国家：中国

申请日：2015年10月15日

申请号：20150225

品种权号：20170031

授权日：2017年10月17日

授权公告号：国家林业局公告（2017年第17号）

授权公告日：2017年10月27日

品种权人：棕榈生态城镇发展股份有限公司

培育人：王晶、王亚玲、严丹峰、吴建军、赵珊珊

品种特征特性：'香绯'为常绿小乔木。株型半开展，嫩枝绿色，疏被淡黄色平伏短毛，老枝灰褐色。叶芽长卵形，嫩叶被毛红褐色，在整个叶片上。叶片深绿色，卵状椭圆形，革质，叶片下表面被黄褐色柔毛，叶尖急尖，叶基楔形。花芽腋生和顶生，花香，年开花单次，始花期较早，花期长。每个花蕾含1朵花，花芽微被淡黄色平伏短毛，花苞片2~4片。杯状花，花斜向上开。花被片3~4轮，每轮3片，花被片9~12片。匙形肉质花被片，白色，花瓣凹弯，花被片外表面基部呈淡红色晕。花药紫色，雌蕊群超出雄蕊群，雌蕊群黄绿色，柱头紫色。

香雪

（含笑属）

联系人：徐慧

联系方式：020-85189308　国家：中国

申请日：2015年10月15日

申请号：20150226

品种权号：20170032

授权日：2017年10月17日

授权公告号：国家林业局公告
（2017年第17号）

授权公告日：2017年10月27日

品种权人：棕榈生态城镇发展股份有限公司

培育人：赵强民、王亚玲、王晶、吴建军、赵珊珊、严丹峰

品种特征特性：'香雪'为常绿小乔木。株型半开展，嫩枝被红褐色平伏短毛，老枝灰褐色。叶芽密被黄褐色平伏柔毛，嫩叶被毛淡黄色，只在下表面。叶片椭圆形，革质，深绿色，叶片下表面被灰白柔毛，叶尖急尖，叶基楔形，几无托叶痕。花芽腋生和顶生，花香，年开花单次，始花期较早，花期长。每个花蕾含1朵花，花芽和花梗被红褐色平伏短毛，花苞片2~4片。杯状花，花斜向上开。花被片3~4轮，每轮3片，花被片9~12片。匙形肉质花被片，白色，花瓣凹弯。雄蕊群黄色，雌蕊群不超出雄蕊群，雌蕊群黄绿色，柱头绿色。

超越1号

（越橘属）

联系人：姜燕琴
联系方式：13851523325　国家：中国

申请日： 2015年11月5日

申请号： 20150232

品种权号： 20170033

授权日： 2017年10月17日

授权公告号： 国家林业局公告
（2017年第17号）

授权公告日： 2017年10月27日

品种权人： 江苏省中国科学院植物研究所、浙江蓝美科技股份有限公司

培育人： 姜燕琴、韦继光、曾其龙、张根柱、杨娇、於虹、张德巧

品种特征特性： '超越1号'为越橘属（*Vaccinium* L.）南方高丛蓝莓（*V. corymbosum* L.）新品种，来源于南方高丛蓝莓品种'南月'（Southmoon）自然授粉后代。落叶灌木，植株半开张；单叶互生，叶片绿色，长椭圆形，全缘，叶柄背面为红色。总状花序，花冠短而宽，形状为坛状。果实中等大小，深蓝色，果粉中等，坚实，风味好。适合鲜食，也适于加工。在江苏省南部地区，5月底果实开始成熟，6月上旬大量成熟。定植第2年出现少量花序，第3年树冠初步形成，开始少量挂果，第4年树冠逐渐丰满，第5～6年进入盛果期。盛果期平均单株产量3.5kg。

该品种生长势强，对中国南方高温多湿的气候和黏重土壤有较强的适应性，适宜种植在长江流域酸性土地区。可用组织培养或扦插技术进行繁殖。喜富含有机质、土壤 pH4.5～5.5 的砂性土壤。株行距可采用 1.5m×2.0m。

妍华

（文冠果）

联系人：敖妍
联系方式：13811085921　国家：中国

申请日：2015年12月14日
申请号：20150254
品种权号：20170034
授权日：2017年10月17日
授权公告号：国家林业局公告
（2017年第17号）
授权公告日：2017年10月27日
品种权人：北京林业大学、俏东
方生物燃料集团有限公司、中国
林业科学研究院林业研究所
培育人：敖妍、申展、马履一、
贾黎明、苏淑钗、霍永君、于海
燕、王静

品种特征特性：'妍华'是从文冠果丰富的形态变异特征中选种，通过嫁接的方式，将其优良的观赏性状固定下来培育而获得的。落叶灌木或小乔木，高1～5m。叶片为奇数羽状复叶，近卵形，稍卷曲，腹面深绿，背面淡绿，顶端渐尖，基部楔形，叶缘齿少而大；总状花序，花先叶抽出或与叶同时抽出，花瓣较小，初开时花瓣为柠檬黄色，边缘有少量白色，盛开后整个花瓣变为枣红色，布满纵向深紫色细条纹，有一定观赏价值；蒴果桃形或球形，多为3心皮；种子黑褐色，每果种子数约13粒。

该品种能够在北方地区种植和推广，忌低湿，栽植地渍水易烂根。耐寒，耐旱，喜光，喜肥沃、排水良好的中性至微碱性土壤。在我国西至新疆、东北至辽宁、北至内蒙古、南至河南地区适宜推广种植。

金箍棒

（刚竹属）

联系人：张宏亮
联系方式：13906820662　国家：中国

申请日：2015年12月14日
申请号：20150255
品种权号：20170035
授权日：2017年10月17日
授权公告号：国家林业局公告
（2017年第17号）
授权公告日：2017年10月27日
品种权人：安吉县林业局、国际竹藤中心、浙江安吉环球竹藤研发中心
培育人：张宏亮、郭起荣、张培新、周昌平、王琴、胡娇丽

品种特征特性：'金箍棒'地下茎单轴散生；秆直立，高6～8m，直径4～7cm，全秆总节数30～49节；幼秆金黄色，沟槽绿色或间有少量宽窄不等的绿色纵条纹；有时中下部节间还染有红色晕斑；老秆黄色，节间分枝一侧纵沟槽绿色，少数节间还有1～2条绿色细纵条纹，叶片长7～15cm、宽10～21mm，叶片背面仅基部被毛，下半部偶具少量淡黄色纵条纹；秆环箨环中度发育，同高；箨鞘紫红色，布满紫红色斑点或稀疏白粉，光滑，边缘紫褐色；箨耳缺失鞘口无毛；箨舌弧形轮隆起，紫褐色，先端具长纤毛；箨片外翻，略油折，带状，绿色，边缘红色。笋期4月中下旬，幼笋暗红色。

　　'金箍棒'竹在原产地浙江安吉县生长良好，长江流域一带均有分布。

抱香

（山茶属）

联系人：徐慧

联系方式：020-85189308　国家：中国

申请日：2015年12月22日

申请号：20150269

品种权号：20170036

授权日：2017年10月17日

授权公告号：国家林业局公告
（2017年第17号）

授权公告日：2017年10月27日

品种权人：棕榈生态城镇发展股份有限公司

培育人：钟乃盛、刘信凯、高继银、严丹峰

品种特征特性：'抱香'为常绿小乔木，植株直立。花芽腋生和顶生，萼片黄绿或绿色。小到中型花，半重瓣型或牡丹花重瓣型，花瓣厚度中，顶端微凹，全缘，椭圆形，皱褶无或弱，粉红花，有香味。雄蕊数量中，筒型或簇生型。花丝半连生，花柱畸形，雌蕊低，子房无茸毛。叶片稠密度中，近羽状叶排列，上斜或水平，叶片厚，质地硬，大，披针形，中光泽，绿色或深绿，叶缘细齿状，叶基圆形，叶尖渐尖，叶柄短。年开花单次，花期长度中，广东地区始花期11月，盛花期12月至翌年2月，末花期至翌年3月，浙江、陕西地区整体花期晚20～30天。

植株

花朵正面

花蕾

抱星

（山茶属）

联系人：徐慧

联系方式：020-85189308　国家：中国

申请日： 2015年12月22日

申请号： 20150270

品种权号： 20170037

授权日： 2017年10月17日

授权公告号： 国家林业局公告
（2017年第17号）

授权公告日： 2017年10月27日

品种权人： 棕榈生态城镇发展股份有限公司

培育人： 黎艳玲、钟乃盛、叶琦君、徐慧、柯欢、赵鸿杰

品种特征特性： '抱星'为常绿灌木，植株直立。花芽腋生和顶生，萼片黄绿或绿色。中到大型花，半重瓣型，花瓣厚度中，顶端微凹，全缘，倒卵形，皱褶无或弱，粉红花。雄蕊数量中，筒型，花丝半连生，雄蕊无瓣化，雌雄蕊近等高，子房无茸毛。叶片稠密度中，近羽状叶或近十字状排列，上斜，叶片厚度中，质地硬，大，中等卵形，强光泽，绿色或深绿，叶缘细齿状，叶基圆形，叶尖渐尖，叶柄短。年开花单次，花期长度中，广东地区始花期11月，盛花期12月至翌年2月，末花期至2月底，浙江、陕西地区整体花期晚20～30天。

花朵正面

花蕾

花朵侧面

抱艳

（山茶属）

联系人：徐慧
联系方式：020-85189308　国家：中国

申请日：2015年12月22日
申请号：20150271
品种权号：20170038
授权日：2017年10月17日
授权公告号：国家林业局公告
（2017年第17号）
授权公告日：2017年10月27日
品种权人：棕榈生态城镇发展股
份有限公司
培育人：刘信凯、严丹峰、叶琦
君、黎艳玲、赵鸿杰、殷爱华

品种特征特性：'抱艳'为常绿小乔木，植株直立。花芽腋生和顶生，萼片黄绿或绿色。中型花，半重瓣型或牡丹花重瓣型，花瓣厚度中，顶端微凹，全缘，圆形或椭圆形，花瓣外缘外翻，皱褶中，粉红花。雄蕊数量多，筒型或簇生型，花丝半连生，花柱畸形，雌蕊比雄蕊低，子房无茸毛。叶片稠密度中，近十字状排列，上斜，叶片厚度中，质地硬，大，椭圆形，中光泽，绿色或深绿，叶缘细齿状，叶基圆形，叶尖渐尖，叶柄短。年开花单次，花期长度中，广东地区始花期12月，盛花期1～3月，末花期至3月，浙江、陕西地区整体花期晚20～30天。

花朵正面

花朵侧面

花蕾

彩黄

（山茶属）

联系人：徐慧
联系方式：020-85189308　国家：中国

申请日：2015年12月22日
申请号：20150272
品种权号：20170039
授权日：2017年10月17日
授权公告号：国家林业局公告
（2017年第17号）
授权公告日：2017年10月27日
品种权人：棕榈生态城镇发展股份有限公司
培育人：赵强民、钟乃盛、刘信凯、高继银

品种特征特性：'彩黄'为常绿灌木，植株半开张。花芽腋生和顶生，萼片黄绿或绿色。小到中型花，牡丹花重瓣型，花瓣厚度中，顶端圆，全缘，卵形，皱褶无或弱，黄色花，外轮花瓣内侧近中部和先端有粉晕。雄蕊数量中，簇生型。花丝半连生，花柱畸形，深裂，雌雄蕊近等高，子房有茸毛。叶片稠密度中，近羽状叶排列，上斜或水平，叶片薄，质地中，大，椭圆形，中光泽，绿色，叶缘粗齿状，叶基圆形，叶尖渐尖，叶柄短。年开花单次，花期长度中，广东地区始花期12月，盛花期1～2月，末花期至翌年3月，浙江、陕西地区整体花期晚20～30天。

花朵正面

花朵侧面

植株

黄绸缎

（山茶属）

联系人：徐慧

联系方式：020-85189308　国家：中国

申请日：2015年12月22日
申请号：20150273
品种权号：20170040
授权日：2017年10月17日
授权公告号：国家林业局公告
（2017年第17号）
授权公告日：2017年10月27日
品种权人：棕榈生态城镇发展股
份有限公司
培育人：高继银、叶琦君、黎艳
玲、严丹峰、柯欢、陈杰

品种特征特性：'黄绸缎'为常绿灌木，植株半开张。花芽腋生和顶生，萼片黄绿或绿色。小型花，半重瓣型或牡丹花重瓣型，花瓣厚度中，顶端圆，全缘，卵形，皱褶无或弱，花复色，花瓣内侧主色为黄色，花瓣内侧次色镶白边。雄蕊数量中，筒型或簇生型。花丝半连生，花丝瓣化，花药瓣化，深裂，雌蕊比雄蕊高，子房有茸毛。叶片稠密度中，近羽状叶排列，上斜或水平，叶片薄，质地软或中，大，椭圆形，中光泽，绿色，叶缘粗齿状，叶基圆形，叶尖渐尖，叶柄短。年开花单次，花期长度中，广东地区始花期12月，盛花期1~2月，末花期至翌年3月，浙江、陕西地区整体花期晚20~30天。

花朵侧面

花朵正面

群花

风车

（木棉属）

联系人：朱报著

联系方式：020-87033558　国家：中国

申请日：2015年12月29日

申请号：20160001

品种权号：20170041

授权日：2017年10月17日

授权公告号：国家林业局公告
（2017年第17号）

授权公告日：2017年10月27日

品种权人：广东省林业科学研究院

培育人：潘文、朱报著、张方秋、徐斌、王裕霞

'风车'花形和花长

木棉花形和花长

'风车'花瓣形状和颜色

木棉花瓣形状和颜色

品种特征特性：'风车'为落叶大乔木，高可达22m，树皮灰白色，树干有圆锥状的粗刺。掌状复叶，总叶柄长15cm，小叶5片，长圆形，长11.8～15.7cm，宽3.8～4.7cm，顶端渐尖，基部阔，全缘，两面均无毛，小叶柄长2.5～3.4cm；托叶小。花单生枝顶叶腋，旋转花形，深红色，花长10.0～12.4cm，花径13.2～16.6cm；萼杯状，长3.9～4.7cm，宽3.2～4.0cm；花瓣肉质，倒卵状长圆形，长11.0～13.0cm，宽4.0～4.8cm；雄蕊管短，花丝较粗，内轮部分花丝上部分2叉，外轮雄蕊多数，集成5束，每束花丝10枚以上，较长；花柱长于雄蕊。蒴果长圆形，长11.9～12.3cm，宽4.9～5.8cm，密被灰白色长柔毛；种子多数，倒卵形，光滑。盛花期4月上旬，果夏季成熟。'风车'与对照相比，其不同点见下表。

品种	盛花期	花长（cm）	花径（cm）	花形	花瓣长（cm）	花瓣宽（cm）	花瓣颜色
'风车'	4月上旬	10.0～12.4	13.2～16.6	旋转	11.0～13.0	4.0～4.8	深红色
木棉	4月中旬	9.5～10.5	12.5～13.5	直伸	9.4～10.4	3.6～4.6	橙红色

红星

（木棉属）

联系人：朱报著

联系方式：020-87033558　国家：中国

申请日：2015年12月29日

申请号：20160002

品种权号：20170042

授权日：2017年10月17日

授权公告号：国家林业局公告
（2017年第17号）

授权公告日：2017年10月27日

品种权人：广东省林业科学研究院

培育人：张方秋、朱报著、潘文、徐斌、王裕霞

'红星'花形和花长

木棉花形和花长

'红星'花瓣形状

木棉花瓣形状

品种特征特性：'红星'为落叶大乔木，高可达20m，树皮灰白色，树干通直，常有圆锥状的粗刺。掌状复叶，总叶柄长约15cm，小叶5片，长圆形，长11.2～15.6cm，宽3.5～4.5cm，顶端渐尖，基部阔，全缘，两面均无毛，小叶柄长2.5～3.2cm；托叶小。花单生枝顶叶腋，直伸花形，深红色，花长10.5～11.5cm，花径13.5～14.5cm；萼杯状，长3.6～4.4cm，宽3.7～4.5cm；花瓣肉质，椭圆形，长11.0～12.0cm，宽4.7～5.7cm；雄蕊管短，花丝较粗，向上渐细，内轮部分花丝上部分2叉，外轮雄蕊多数，集成5束，每束花丝10枚以上，较长；花柱长于雄蕊。蒴果椭圆形，长约13cm，宽约4.8cm，密被星状柔毛；种子多数，倒卵形，光滑。盛花期4月上旬，果夏季成熟。'红星'与对照相比，其不同点见下表。

品种	盛花期	花长（cm）	花径（cm）	花瓣形状	花瓣长（cm）	花瓣宽(cm)	花瓣颜色
'红星'	4月上旬	10.5～11.5	13.5～14.5	椭圆形	11.0～12.0	4.7～5.7	深红色
木棉	4月中旬	9.5～10.5	12.5～13.5	倒卵状长圆形	9.4～10.4	3.6～4.6	橙红色

金灿

（木棉属）

联系人：朱报著

联系方式：020-87033558　国家：中国

申请日： 2015年12月29日
申请号： 20160003
品种权号： 20170043
授权日： 2017年10月17日
授权公告号： 国家林业局公告
（2017年第17号）
授权公告日： 2017年10月27日
品种权人： 广东省林业科学研究院
培育人： 朱报著、张方秋、潘文、徐斌、王永峰

‘金灿’花形和花长

木棉花形和花长

‘金灿’花瓣形状

木棉花瓣形状

品种特征特性： ‘金灿’为落叶大乔木，高可达21m，树皮灰白色，树干通常有圆锥状的粗刺；分枝平展。掌状复叶，总叶柄长16cm，小叶5片，长圆形，长11.4～15.8cm，宽3.8～4.8cm，顶端渐尖，基部阔，全缘，两面均无毛，小叶柄长2.3～3.4cm；托叶小。花单生枝顶叶腋，直伸花形，金黄色，花长9.6～11.0cm，花径10.3～11.7cm；萼杯状，长3.4～4.2cm，宽3.3～4.2cm；花瓣肉质，椭圆形，长8.3～9.7cm，宽4.4～5.6cm；雄蕊管短，花丝较粗，内轮部分花丝上部分2叉，外轮雄蕊多数，集成5束，每束花丝10枚以上，较长；花柱长于雄蕊。蒴果长圆形，长11.8～12.2cm，宽4.8～5.2cm，密被灰白色长柔毛和星状柔毛；种子多数，倒卵形，光滑。盛花期3月下旬，果夏季成熟。‘金灿’与对照相比，其不同点见下表。

品种	盛花期	花长（cm）	花径（cm）	花瓣形状	花瓣长（cm）	花瓣宽（cm）	花瓣颜色
‘金灿’	3月下旬	9.6～11.0	10.3～11.7	椭圆形	8.3～9.7	4.4～5.6	金黄色
木棉	4月中旬	9.5～10.5	12.5～13.5	倒卵状长圆形	9.4～10.4	3.6～4.6	橙红色

青砧8号

（苹果属）

联系人：沙广利
联系方式：15966885645　国家：中国

申请日：2016年1月5日
申请号：20160013
品种权号：20170044
授权日：2017年10月17日
授权公告号：国家林业局公告
（2017年第17号）
授权公告日：2017年10月27日
品种权人：青岛市农业科学研究
院、山东农业大学
培育人：沙广利、郝玉金、万述
伟、束怀瑞、黄粤、马荣群、赵
爱鸿、葛红娟、王珍青

品种特征特性：'青砧8号'为无融合生殖矮化苹果砧木新品种，
通过γ射线诱变'平邑甜茶'种子育成。矮生，无融合生殖率高
达87.0%。

'青砧8号'树干褐色，树势中庸，8年生树株高1.8m；叶片
椭圆形，成熟叶片绿色，叶面平展，光滑；1年生枝粗壮，节间长
度短。对照品种'平邑甜茶'树势旺，8年生树高达4.6m；叶缘锯
齿小而紧密；节间长度为3.2cm，无融合生殖率为90.5%。

'青砧8号'适应性强，适宜种植于北方温带大部分苹果产地，
对环境条件无特殊要求。

青砧3号

（苹果属）

联系人：沙广利

联系方式：15966885645　国家：中国

申请日：2016年1月11日

申请号：20160015

品种权号：20170045

授权日：2017年10月17日

授权公告号：国家林业局公告（2017年第17号）

授权公告日：2017年10月27日

品种权人：青岛市农业科学研究院、山东农业大学

培育人：沙广利、郝玉金、万述伟、束怀瑞、赵爱鸿、黄粤、马荣群、葛红娟、王珍青

品种特征特性：无融合生殖矮化苹果砧木新品种，通过 γ 射线诱变‘平邑甜茶’种子育成。矮生，无融合生殖率高达87.0%

‘青砧3号’树干黄褐色，树势中庸，8年生株高为1.8m；成熟叶片暗绿，长椭圆形，表面光滑，叶缘略皱；1年生枝褐色，粗壮，节间长1.84cm。对照品种‘平邑甜茶’树势旺，叶缘锯齿小而紧密，节间长度较大。

‘青砧3号’适应性强，适宜种植于北方温带大部分苹果产地，对环境条件无特殊要求。

墨玉籽

（核桃属）

联系人：张俊佩
联系方式：18601987166　国家：中国

申请日： 2016年1月14日

申请号： 20160016

品种权号： 20170046

授权日： 2017年10月17日

授权公告号： 国家林业局公告
（2017年第17号）

授权公告日： 2017年10月27日

品种权人： 中国林业科学研究院林业研究所、蓬安天府农业发展有限公司

培育人： 张俊佩、任勇、滕尚军、马庆国、周乃富

品种特征特性：'墨玉籽'是2008年在四川省蓬安县新河乡发现一株结果性状优良种皮颜色呈深褐色的优株，并于当年通过嫁接的方法进行保存和繁殖，建立无性系试验林，到2015年，已培育植株5000棵，栽培面积达300亩。

'墨玉籽'树势强，树姿直立，树冠呈圆锥形，1年生枝常呈绿色，皮目较密。顶芽呈三角形，小叶9~11片，顶叶较小，小叶纺锤形，叶尖渐尖，叶缘全缘。单枝结果数1~3个，多双果。坚果近圆形，壳面多刻纹，表面较粗糙，果顶具小尖，果底平，缝合线隆起，结合紧密。坚果纵径4.15cm，横径3.90cm，侧径4.14cm，单果重15.88g。壳厚1.08mm，不露仁。内褶壁退化，横隔膜膜质，易取整仁。核仁饱满，深褐色，核仁重9.47g，出仁率59.6%。风味浓郁，口感好。该品种在四川盆地东北部地区3月初发芽，4月初展叶，4月中下旬开花，9月中旬果实成熟，11月上旬落叶。

适宜在四川东北部山地泡核桃栽植区种植。

树体结果状

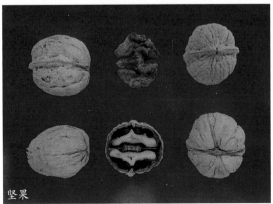

坚果

树体

中洛红

（核桃属）

联系人：裴东
联系方式：1062872015　国家：中国

申请日：2016年1月14日
申请号：20160017
品种权号：20170047
授权日：2017年10月17日
授权公告号：国家林业局公告
（2017年第17号）
授权公告日：2017年10月27日
品种权人：中国林业科学研究院林业研究所、洛宁县先科树木改良技术研究中心
培育人：裴东、徐慧敏、宋晓波、张俊佩、徐慧鸽、马庆国、徐虎智

品种特征特性：'中洛红'是由美国引进的东部黑核桃（*Juglans nigra*）经开放授粉获得的实生后代中选优得到的。该品种最显著的特点是新梢和幼叶呈鲜艳的酒红色。树体高大，树姿优美，且具有耐干旱、耐瘠薄等特点，可以作为优良的园林观赏树种。

'中洛红'树干通直，皮色灰褐色，浅纵裂。新梢酒红色，被细密红色短茸毛。叶芽长三角形。奇数羽状复叶，小叶互生，13～17片，叶片阔披针形，叶缘锯齿状，先端渐尖，叶脉羽状脉，幼叶为鲜艳的酒红色，老叶黄绿色。少结实或不结实。坚果卵形，直径平均2～2.5cm，表面具深刻纹，缝合线较平。壳厚不易开裂，内褶壁发达木质，横隔膜骨质，取仁难。该品种在河南省洛宁地区，于3月底至4月初萌芽，4月上旬展叶，5月上旬雌花开放，11月中下旬落叶。'中洛红'萌芽力强，可在我国河南、云南和北京等地栽植。

果实　　新梢

树干　　1年生枝

映玉1号

（杜鹃花属）

联系人：朱春艳

联系方式：13758289081　国家：中国

申请日：2016年2月1日

申请号：20160044

品种权号：20170048

授权日：2017年10月17日

授权公告号：国家林业局公告（2017年第17号）

授权公告日：2017年10月27日

品种权人：杭州植物园

培育人：朱春艳、余金良、邱新军、王雪芬、江燕、朱剑俊、周绍荣、陈霞

品种特征特性：'映玉1号'为半常绿灌木，植株高可达2～3m。枝条粗壮，分枝能力强，树冠圆润，栽培过程中不需修剪能自然成形。叶色翠绿。花为水红色、有绿色喉点，娇嫩、鲜艳；花冠裙边波浪状；花径5～6cm，每枝有2～4朵花，比绿化常用的品种多1～2朵。开花时，满树的粉色，格外醒目，非常吸引人，极具观赏性。

'映玉1号'病虫害少，长势旺盛，耐粗放管理。喜疏松、透气性好、腐殖质含量高、偏酸性的土壤。可在全阳光下栽培，也可半遮阳下种植。适合公园、园林绿化、庭院等露地配置，也可盆栽观赏或制作盆景。

生长适生环境类似于映山红、毛鹃等，在我国长江流域、西南、华南等映山红的分布区都可栽培应用。

映玉2号

（杜鹃花属）

联系人：朱春艳

联系方式：13758289081　国家：中国

申请日：2016年2月1日

申请号：20160045

品种权号：20170049

授权日：2017年10月17日

授权公告号：国家林业局公告
（2017年第17号）

授权公告日：2017年10月27日

品种权人：杭州植物园

培育人：朱春艳、王恩、邱新军、王雪芬、江燕、朱剑俊、周绍荣、陈霞

品种特征特性：'映玉2号'为半常绿灌木，植株高可达2～2.5m。树冠圆润，栽培过程中不需修剪能自然成形。叶色翠绿。花为粉红色、有绿色喉点，娇嫩；花冠裙边波浪状；花径5～6cm，每枝有2～3朵花，比绿化常用的品种多1～2朵。开花时，满树的粉色淡雅迷人，观赏性极佳。

'映玉2号'具有很强的杂种优势，病虫害少，耐粗放管理。喜疏松、透气性好、腐殖质含量高、偏酸性的土壤。可在全阳光下栽培，也可半遮阳下种植。适合公园、园林绿化、庭院等露地配置，也可盆栽观赏或制作盆景。

生长小生境类似于映山红、毛鹃，在我国长江流域、西南、华南等有映山红分布的区域都可栽培应用。

丽人行

（决明属）

联系人：李斌

联系方式：15311236206　国家：中国

申请日： 2016年2月3日

申请号： 20160049

品种权号： 20170050

授权日： 2017年10月17日

授权公告号： 国家林业局公告（2017年第17号）

授权公告日： 2017年10月27日

品种权人： 中国林业科学研究院林业研究所

培育人： 李斌、郑勇奇、林富荣、郭文英、郑世楷、于淑兰

品种特征特性： ‘丽人行’为豆科决明属直立灌木，多分枝，无毛。羽状复叶，叶长7～12cm，小叶2～3对，披针形，顶端细长尖；叶柄长2.5～4cm。总状花序生于枝条顶端的叶腋间，常集成伞房花序状，花鲜黄色，直径约2cm；雄蕊10枚，7枚能育，3枚退化而无花药，能育雄蕊中有3枚特大，高出花瓣，4枚较小，短于花瓣。花期甚长，盛花期花团锦簇，灿烂夺目，景观效果出众。荚果圆柱状，膜质，直或微曲，长10～17cm，直径0.4～0.6cm，缝线狭窄。花期8～11月，果期10月至翌年1月。

喜光、喜温暖湿润气候，耐一定干旱，抗寒性较强，根系发达，适宜微酸、中性至微碱性土壤。

秋冬季开花，花色鲜艳，金黄，花期长，适合排植、片植、丛植和盆植，耐修剪，可以矮化，室内摆放，具有较高的观赏性。适宜长江以南地区露地栽培和越冬。北方适合盆栽或者露地栽培，冬季需平茬后防寒保护或者置于温室，也可当年繁殖当年开花，次年重新繁殖。

森淼金紫冠

（文冠果）

联系人：秦彬彬

联系方式：13909507550　国家：中国

申请日：2016年3月1日

申请号：20160069

品种权号：20170051

授权日：2017年10月17日

授权公告号：国家林业局公告（2017年第17号）

授权公告日：2017年10月27日

品种权人：宁夏林业研究院股份有限公司

培育人：王娅丽、李永华、朱强、李彬彬、沈效东、朱丽珍

品种特征特性：'森淼金紫冠'是通过单株选优的方法选育出的新品种，开花繁茂，花色艳丽，适宜作园林绿化观赏树种。树形开展，树势强健；幼枝紫红色，光滑无毛。总状花序，圆锥形，两性花／总花数量比例中等，平均为30%；花序轴紫色，光滑无毛；花径中等大小，花瓣5片，倒卵状披针形，花瓣颜色随开花时间的延长而变化，花苞期柠檬黄色，初开黄色，中期渐变为红色，后期渐变为紫色；开花盛期同一植株会有黄、红、紫三种颜色的花；小叶绿色，叶片大，卵形，锯齿较宽，深裂，叶边缘往外卷曲；结果稀疏，果形为柱形或不规则形，果实3心皮；果壳较厚；单果种粒数较少，平均为10.52粒。成熟种子褐色，种粒大，平均千粒重为1033.95g。适宜种植于宁夏、内蒙古、陕西、甘肃、山东、山西等文冠果主要种植区。

开花初期

开花单株

结果

紫京

（核桃属）

联系人：王秀坡
联系方式：13910529894　国家：中国

申请日： 2016年3月21日
申请号： 20160078
品种权号： 20170052
授权日： 2017年10月17日
授权公告号： 国家林业局公告
（2017年第17号）
授权公告日： 2017年10月27日
品种权人： 王秀坡
培育人： 王秀坡

枝条

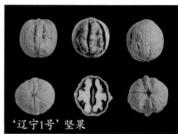

'辽宁1号'坚果

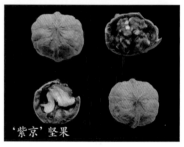

'紫京'坚果

品种特征特性：'紫京'树姿直立，树势强健，树冠圆锥形。枝条扩展，1年生枝较光滑，皮色为紫色，顶芽为三角形。奇数羽状复叶，小叶5～9片，椭圆状卵形至椭圆形，顶生小叶通常较大，长5～15cm；宽3～6cm，先端急尖或渐尖，基部圆或楔形，春季萌芽后至秋季落叶前叶片均呈紫色。

雄性柔荑花序下垂，长5～10cm，稀达15cm。雄花的苞片、小苞片及花被片均被腺毛。雄蕊6～30枚，花药黄色，无毛。雌性穗状花序通常具1～3朵雌花。单枝结果1～3个，多双果，果序短，果实近于球状，坚果近圆形，壳面浅黄色，多凹凸，果肩平，果顶具尖，果底平，缝合线隆起，结合紧密。坚果纵径3.1cm，横径3.0cm，侧径3.1cm，单果重9.65g。壳厚1.05mm，不露仁，隔膜膜质，易取整仁。核仁饱满，紫色，核仁重5.08g，出仁率52.6%。风味浓郁，口感好。

该品种在北京门头沟地区4月上旬萌芽，4月中旬展叶，4月下旬至5月初开花，9月中旬果实成熟，11月上旬落叶。与相似品种'辽宁1号'相比，其不同点见下表。

表型特征	'紫京'	'辽宁1号'
叶片颜色	紫色	绿色
1年生枝表皮颜色	紫色	绿色
坚果内种皮颜色	紫褐色	黄褐色

紫玛瑙

（乌桕属）

联系人：项美淑
联系方式：0571-28995219　国家：中国

申请日：2016年3月24日
申请号：20160079
品种权号：20170053
授权日：2017年10月17日
授权公告号：国家林业局公告
（2017年第17号）
授权公告日：2017年10月27日
品种权人：浙江森禾种业股份有
限公司
培育人：郑勇平、王春、杨家强、
顾慧、尹庆平、陈岗、刘丹丹

品种特征特性：'紫玛瑙'为乌桕属（*Sapium* Jacq.）落叶乔木，各部均无毛而具有乳汁。树皮暗灰色，有纵裂纹；枝扩展，具皮孔。叶片心形，叶片基部形态呈心形，秋季叶片上表面为紫色（RHS：N77）；花单性，雌雄同株，聚生成顶生，总状花序长6～12cm。蒴果梨状球形，成熟时黑色；种子扁球形，黑色，外被白色、蜡质的假种皮。

'紫玛瑙'在乌桕自然分布的区域均能生长，主要栽培区为长江流域及其以南各省，如浙江、湖北、四川、贵州、安徽、云南、江西、福建以及河南省的淮河流域地区。

喜光，不耐阴。喜温暖环境，不甚耐寒。适生于深厚肥沃、含水丰富的土壤，对酸性、钙质土、盐碱土均能适应。主根发达，抗风力强，耐水湿。年平均温度15℃以上、年降水量750mm以上地区都可生长。对土壤适应性较强，沿河两岸冲积土、平原水稻土、低山丘陵黏质红壤、山地红黄壤都能生长。以深厚、湿润、肥沃的冲积土生长最好。

独秀1号

（文冠果）

联系人：刘春和
联系方式：13801387160　国家：中国

申请日：2016年4月19日
申请号：20160086
品种权号：20170054
授权日：2017年10月17日
授权公告号：国家林业局公告
（2017年第17号）
授权公告日：2017年10月27日
品种权人：北京市大东流苗圃、
北京林业大学、北京思路文冠果
科技开发有限公司
培育人：刘春和、关文彬、徐红
江、王青、李永芳、林向义

品种特征特性： '独秀1号'花重瓣，花瓣15～30枚，无雌蕊，无雄蕊，无种子，无果实。

经4年的连续观察与对比试验，芽接在文冠果砧木枝上、枝嫁接在文冠果砧木树干上，重瓣花性状与母株一致，表现稳定。

'独秀1号'花朵

文冠果（原种）花朵

'独秀1号'

金冠霞帔

（文冠果）

联系人：张骅

联系方式：010-62338250　国家：中国

申请日：2016年4月19日

申请号：20160089

品种权号：20170055

授权日：2017年10月17日

授权公告号：国家林业局公告
（2017年第17号）

授权公告日：2017年10月27日

品种权人：北京林业大学、辽宁
思路文冠果业科技开发有限公司

培育人：关文彬、耿占礼、张文
臣、王青、黄炎子

品种特征特性：‘金冠霞帔’为落叶乔木；树皮褐栗色，呈扭曲状微纵裂，枝为褐黄色，新梢呈绿具紫红色。奇数羽状复叶，小叶9～16枚，长2.5～6cm，宽1.2～2.2cm，顶生小叶通常3深裂，阔披针形，先端渐尖，基部不对称，明显卷曲，深绿色，叶缘有细锯齿，小叶柄极短略卷曲。花蕾黄色，花瓣颜色变化为初花期黄色，盛花期粉红色，末花期紫红色；花丝浅红色，花盘5裂，各具一橙黄色角状附属物；顶生总状花序，长约20cm；在北京地区4月上旬叶芽萌动；4月中旬展叶开花，花期可持续20余天；8月中旬结果。种子为红褐色。

匀冠锦霞

（文冠果）

联系人：王青

联系方式：18910602987　国家：中国

申请日：2016年4月19日

申请号：20160090

品种权号：20170056

授权日：2017年10月17日

授权公告号：国家林业局公告
（2017年第17号）

授权公告日：2017年10月27日

品种权人：北京思路文冠果科技
开发有限公司、北京林业大学

培育人：王青、徐红江、姚飞、
李春兰、关文彬

品种特征特性：'匀冠锦霞'为落叶乔木；树皮褐栗色，呈扭曲状微纵裂，枝为褐黄色，新梢呈紫红色。奇数羽状复叶，小叶 9～16 枚，长 2.5～6cm，宽 1.2～2.2cm，顶生小叶通常 3 深裂，阔披针形，先端渐尖，基部不对称，略卷曲，浅绿色，叶缘有细锯齿，小叶柄极短略卷曲，深绿色。花蕾浅黄色，初花期花瓣上部白色、基部浅黄，盛花期花瓣上部粉红色、基部浅紫红色，末花期上部浅紫红色、基部紫红色，花丝浅红色。花瓣较大，长约 2.84cm，宽约 1.81cm；单朵花冠径 2.5～3.1cm，花瓣褶皱分离；花冠边缘呈流苏状浅裂。花盘 5 裂，各具一橙黄色角状附属物；顶生总状花序，长约 20cm；在北京地区 4 月上旬叶芽萌动；4 月中旬展叶开花，花期可持续 20 余天；8 月中旬结果。

如玉

（樟属）

联系人：周卫信
联系方式：13319316317　国家：中国

申请日：2016年4月26日

申请号：20160091

品种权号：20170057

授权日：2017年10月17日

授权公告号：国家林业局公告
（2017年第17号）

授权公告日：2017年10月27日

品种权人：德兴市荣兴苗木有限
责任公司

培育人：周友平、周卫信、周卫
荣、周建荣、方腾、王樟富

品种特征特性：'如玉'为乔木。老树皮黄褐色至灰黄褐色，不规则纵裂；幼树皮绿色，不裂；嫩枝皮初期粉红色，后逐渐变绿色，无毛。叶芽红色至粉红色。叶互生，薄革质，椭圆形至卵圆形；离基三出脉；叶片初展时粉红色，后随叶片逐渐成熟，叶色先从叶肉开始褪去粉红色变成乳黄色，并随着叶绿素的增加最终由黄绿色转成绿色；叶脉早期乳黄色，略透明状，后逐渐呈淡绿色略透明状；叶肉转色先自叶肉中间开始，转色过程中叶肉和叶脉间具有明显的粉红色色晕过渡。嫩叶光泽透亮，树冠嫩叶期整体颜色鲜艳明亮。老叶绿色，边缘波状不明显。

凡适宜樟树栽培的区域，均适宜本品种栽培。主要适宜栽培区为长江中下游以南地区的浙江、江苏、上海、湖南、广东、广西、福建等地。栽种环境以低山平原为主，喜温暖湿润气候和肥沃、深厚的酸性土壤或中性土壤，在弱碱性土壤中生长不良。

盛赣

（樟属）

联系人：周卫信

联系方式：13319316317　国家：中国

申请日：2016年4月26日

申请号：20160092

品种权号：20170058

授权日：2017年10月17日

授权公告号：国家林业局公告（2017年第17号）

授权公告日：2017年10月27日

品种权人：德兴市荣兴苗木有限责任公司

培育人：周友平、周卫信、周卫荣、周建荣、方腾、王樟富

品种特征特性：'盛赣'为乔木。老树皮黄褐色至灰黄褐色，不规则纵裂；幼树皮绿色，不裂；嫩枝紫红色，嫩枝柄基部有突起的紫黑色环；韧皮部紫红色；无毛；叶互生，薄革质，椭圆形至披针形；基部契形，先端短尖；春、夏、秋三季和生长季节修剪促萌的嫩叶均呈紫红色，嫩叶紫红色时间长，春季达2个月；成熟后叶片绿色，嫩枝上老叶和嫩叶叶柄均为紫红色。

凡适宜樟树栽培的区域，均适宜本品种栽培。主要适宜栽培区为长江中下游以南地区的浙江、江苏、上海、湖南、广东、广西、福建等地。栽种环境以低山平原为主，喜温暖湿润气候和肥沃、深厚的酸性土壤或中性土壤，在弱碱性土壤中生长不良。

上植华章

（山茶属）

联系人：张亚利
联系方式：13482365779　国家：中国

申请日：2016年4月29日
申请号：20160093
品种权号：20170059
授权日：2017年10月17日
授权公告号：国家林业局公告
（2017年第17号）
授权公告日：2017年10月27日
品种权人：上海植物园
培育人：奉树成、张亚利、郭卫珍、
李湘鹏、莫健彬、宋垚、周永元

品种特征特性：'上植华章'为灌木，半开张。枝叶繁密，嫩枝黄褐色，具短毛，顶芽紫绿色，双生。叶稠密程度中等，近十字状排列，叶上斜或水平，薄，质地软，叶中等卵形，叶片长 2~10cm，通常为 5~7cm，宽 3~5cm，叶片光泽中，绿色，横截面平坦，叶缘粗齿状，叶基楔形，叶尖渐尖，叶柄紫红色，长0.5~1.0cm。花芽顶生和腋生，有苞片5片；苞片长3.5~4mm，有灰毛；萼片5片，长5~10mm，宽5~7mm，卵形或圆形，密生灰毛，覆瓦状排列，紫红色。花径5~7cm，花厚3~4cm，半重瓣至牡丹型，基部与雄蕊相连约1~2mm，花瓣顶端微凹，边缘全缘，花瓣倒卵形，长3.5~4.0cm，宽2~2.5cm，花瓣褶皱弱或无，有瓣脉，花淡粉红色（58B-D），花瓣15~20枚。雄蕊数量中等，筒形或簇生型，花丝花药部分瓣化；子房无毛，花柱头长2~2.5cm，柱头3裂，分裂中等（裂片长0.5~1.0cm），少量柱头畸形，雌蕊雄蕊近等高。单次开花，花期中（上海地区2月下旬到4月上旬）。

　　本品种采用扦插和嫁接繁殖方式，繁殖苗木10余株，其生物学特征与母株具有很好的一致性和稳定性。与对照品种相比较，其特异性见下表。

品种	花型	花色	芳香	花径（cm）
'上植华章'	半重瓣至牡丹型	红粉色（58B-D）	弱	5~7
'墨玉鳞'	半重瓣至牡丹型	黑红色（53B）	无	7~11
肖长尖连蕊茶	单瓣型	白色	中等	2.5~3.0

上植欢乐颂

（山茶属）

联系人：张亚利
联系方式：13482365779　国家：中国

申请日：2016年4月29日
申请号：20160094
品种权号：20170060
授权日：2017年10月17日
授权公告号：国家林业局公告
（2017年第17号）
授权公告日：2017年10月27日
品种权人：上海植物园
培育人：奉树成、张亚利、李湘鹏、郭卫珍、宋垚、莫健彬、周永元

品种特征特性：'上植欢乐颂'为灌木，直立；枝叶繁密，嫩枝黄褐色，几无毛，芽绿色或红褐色，边缘红色，顶芽双生。叶稠密程度中等，近十字状排列，叶水平或下垂，薄，质地软，叶披针形，长4~9cm，通常为6~8cm，宽1.5~3.5cm，叶背无毛，叶片光泽中，深绿色，横截面内折或平坦，叶缘细齿状，叶基楔形，叶尖长尾尖，叶柄红褐色，无毛，长0.5~1.0cm。花芽顶生和腋生，苞片5片，长0.2~0.4cm，被灰毛；萼片5片，长0.5~1.0cm，覆瓦状排列，卵形，绿色，部分紫红色。花单瓣型，花径3~5cm，花厚3~4cm，花瓣5~8枚，基部与雄蕊相连约5mm，花瓣长1.8~3cm，宽1.0~2.0cm，顶端微凹，边缘全缘，花瓣倒卵形，褶皱弱或无，有瓣脉，花深紫红色系（63A-B）。雄蕊数量中等，筒型，基部连生，长约2cm，无瓣化，子房无毛，花柱长1.5~2.5cm，柱头3~5裂，分裂浅（裂片长0.2cm），雌蕊雄蕊近等高。单次开花，花期中（上海地区花期2~4月）。

本品种采用扦插和嫁接繁殖方式，繁殖苗木10余株，其生物学特征与母株具有很好的一致性和稳定性。与对照品种相比较，其特异性见下表。

品种	花型	花色	芳香	花径（cm）
'上植欢乐颂'	单瓣型	深紫红色系（63A-B）	弱	3~5
'孔雀椿'	半重瓣	红色，杂缀稀疏白斑	无	5
岳麓连蕊茶	单瓣型	白色	中等	1.5~2.0

上植月光曲

（山茶属）

联系人：张亚利
联系方式：13482365779　国家：中国

申请日：2016年4月29日
申请号：20160095
品种权号：20170061
授权日：2017年10月17日
授权公告号：国家林业局公告
（2017年第17号）
授权公告日：2017年10月27日
品种权人：上海植物园
培育人：奉树成、张亚利、李湘鹏、郭卫珍、宋垚、莫健彬、周永元

品种特征特性：'上植月光曲'为灌木，开张，枝条略下垂；枝叶繁密，嫩枝黄褐色，被长柔毛，芽绿色，边缘淡粉红色或紫红色，顶芽双生。叶稠密程度中等，近羽状排列，叶上斜，薄，质地软，叶披针形，叶片长通常为6～8cm，宽2～3cm，光泽中，深绿色，横截面平坦，叶缘粗齿状，叶基楔形至宽楔形，叶尖长尾尖，叶柄红褐色，被毛，长0.5～1.0cm。花芽顶生和腋生，苞片5片，长2～5mm，有灰毛；花萼长1cm，萼片5～8片，长0.5～0.8cm，卵形，花苞被片覆瓦状排列，黄绿色或绿色，边缘红色；或全部紫红色，被毛。花径4～6cm，花厚3～4cm，单瓣型，基部与雄蕊相连约5mm，花瓣长1.5～3cm，宽1.5～2.5cm，花瓣顶端微凹，边缘全缘，花瓣卵形，花瓣褶皱弱或无，有瓣脉，花粉色，花瓣边缘粉色（68D），中部浅粉色（69A-D），花瓣5～8枚。雄蕊数量中等，环型或蝶型，基部连生，长约2cm，无瓣化，子房无毛，花柱长约1～2cm，柱头3～4裂，分裂浅（裂片长0.1～0.3cm），雌蕊雄蕊近等高。单次开花，花期中（上海地区3～4月）。

本品种采用扦插和嫁接繁殖方式，繁殖苗木10余株，其生物学特征与母株具有很好的一致性和稳定性。与对照品种相比较，其特异性见下表。

品种	花型	花色	芳香	花径（cm）
'上植月光曲'	单瓣型	粉色（69A-D，68D）	弱	5
'孔雀椿'	半重瓣	红色，杂缀稀疏白斑	无	5
岳麓连蕊茶	单瓣型	白色	中等	1.5～2.0

香妃

（含笑属）

联系人：张晓英
联系方式：13600882659　国家：中国

申请日：2016年6月3日
申请号：20160109
品种权号：20170062
授权日：2017年10月17日
授权公告号：国家林业局公告
（2017年第17号）
授权公告日：2017年10月27日
品种权人：福建连城兰花股份有
限公司
培育人：饶春荣

品种特征特性：树高2~9m，树皮灰褐色，分枝繁密，绿叶素荣，树枝端雅；花梗处着少量褐色茸毛。叶革质，倒卵状椭圆形，长9~11cm，宽5~6cm，先端钝短尖，基部楔形，叶面油亮有光泽，无毛，叶柄长3~5mm，托叶痕长达叶柄顶端。花朵直立，苞润如玉，香气持久，长18~25mm，宽10~15mm，春季为桃红色，夏、秋季为瓷白透红色，具甜浓的芳香，花被片6枚，花瓣常微张半开，又常稍往下垂，呈现犹如"美人含笑"欲开还闭之状；花瓣肉质肥厚，长椭圆形，长18~25mm，宽8~12mm；雄蕊长7~8mm，药隔伸出成急尖头，雌蕊群无毛，长约7mm，超出雄蕊群；雌蕊群柄长约6mm，被淡黄色茸毛。花有少量结果，果期8~10月，聚合果长2~3cm；蓇葖卵圆形，顶端有短尖的喙。四季有花开放，大量花期2~4月底，花极芳香，其气味似酒或苹果的清香。花枝繁茂且花色为桃红色。抗干旱性极强，几乎无病虫害，对土壤要求不严。'香妃'与近似种紫花含笑相比，其差异见下表。

性状	'香妃'	紫花含笑
树高（m）	2~9	2~5
叶片	叶长9~11cm，宽5~6cm，叶柄长3~5mm	长7~13cm，宽2.5~4cm，叶柄长2~4mm
花朵	长18~25mm，宽10~15mm	长18~20mm，宽6~8mm
花瓣、花蕊	花瓣长18~25mm，宽8~12mm；雄蕊长7~8mm，雌蕊长约7mm，超出雄蕊群；雌蕊群柄长约6mm	花瓣长18~20mm，宽6~8mm，雄蕊长约1cm，花药长约6mm，雌蕊群长8mm，雌蕊群柄长约2mm
果实	聚合果长2~3cm，果柄长1~2cm，粗3~5mm	聚合果长2.5~5cm，果梗长1~2cm，粗3~5mm
花朵颜色	春季为桃红色，夏、秋为瓷白透红色	紫红色
花香	具甜浓的芳香，有气味似酒或苹果的清香	有气味似酒或苹果的清香
花苞时间	1月中旬	2~3月
开花时间	2~5月	4~5月

旱峰柳

（柳属）

联系人：焦传礼

联系方式：13396294788　国家：中国

申请日：2016年6月18日

申请号：20160118

品种权号：20170063

授权日：2017年10月17日

授权公告号：国家林业局公告

（2017年第17号）

授权公告日：2017年10月27日

品种权人：焦传礼

培育人：焦传礼、白云祥

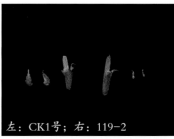

左：CK1号；右：119-2

左：CK1号；右：119-2

品种特征特性： '旱峰柳'为落叶乔木，雌株，主干直立，顶端优势明显，干性强，2～3年生树皮黄绿色，侧枝分布均匀，枝条直伸，生长季节枝条绿色，冬季枝条褐色，叶片披针形，长 11.5～13.5cm，宽 1.6～1.8cm，叶片最宽位置近中部，叶基窄楔形，有两个腺点，上表面无被毛，叶柄长 0.7～0.9cm，上表面绿色，叶缘细锯齿状。在 3 年生树的当年枝条上看不到托叶，在 1 年生的幼苗顶端有小披针形托叶，托叶长 0.4cm。枝条在立秋后逐步变色，颜色随着天气变冷加深，由黄绿色到落叶时变成浅褐色，落叶晚，在山东沾化县冬季，树枝顶端有树叶冻死在枝上，但不抽梢。2～3年生树皮黄绿色，雌花序下部有 3～4 个苞片，随花絮的生长，形成小叶片。在山东滨州地区物候期：芽膨大期 3 月上旬，萌芽期 3 月 20 日，展叶期 3 月 29 日至 4 月 8 日，叶色始变期 11 月 7 日，落叶末期 12 月下旬。'旱峰柳'与对照品种'渤海柳 1 号'相比，其性状差异见下表。

品种	3年生枝条	2～3年生树皮开裂	2～3年生皮色	托叶形状	托叶长度（cm）
'旱峰柳'	直伸	不开裂	黄绿色	披针形	0.40
'渤海柳1号'	上弯	微开裂	淡绿色	卵形	0.70

旱豪柳

（柳属）

联系人：焦传礼
联系方式：13396294788　国家：中国

申请日：2016年6月18日
申请号：20160119
品种权号：20170064
授权日：2017年10月17日
授权公告号：国家林业局公告
（2017年第17号）
授权公告日：2017年10月27日
品种权人：焦传礼
培育人：焦传礼、白云祥

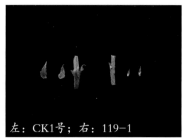
左：CK1号；右：119-1

左：CK1号；右：119-1

品种特征特性：'旱豪柳'为落叶乔木，雌株，主干直立，顶端优势明显，干性强，侧枝分布均匀，枝条下弯，生长季节枝条阳面淡绿色，冬季枝条淡红褐色。叶片披针形，长12.7～14.2cm，宽1.8～2.0cm，叶基部腺点有2～4个，叶片上表面有被毛，叶柄长0.8～1.0cm，叶缘细锯齿状。托叶披针形，长0.3cm，枝条在立秋后逐步变色，颜色随着天气变冷加深，由淡绿色到落叶时变成淡红褐色，落叶晚，2～3年生树皮不开裂，树皮绿色，雌花序有5～6片苞片，随着花絮的生长，苞片生长成小叶片。

在山东滨州地区物候期：芽膨大期3月上旬，萌芽期3月20日，展叶期3月29日至4月8日，叶色始变期11月7日，落叶末期12月21日。'旱豪柳'与对照品种'渤海柳1号'相比，其性状差异见下表。

品种	3年生枝条（冬季）	2～3年生树皮开裂	2年生皮色	叶基腺点	叶上表面被毛	托叶形状
'旱豪柳'	下弯	不开裂	暗绿色	2～4	无	披针形
'渤海柳1号'	上弯	微开裂	淡绿色	2	有	卵形

仁居柳1号

（柳属）

联系人：焦传礼

联系方式：13396294788 国家：中国

申请日：2016年6月18日

申请号：20160120

品种权号：20170065

授权日：2017年10月17日

授权公告号：国家林业局公告
（2017年第17号）

授权公告日：2017年10月27日

品种权人：焦传礼

培育人：焦传礼、白云祥

品种特征特性：'仁居柳1号'为落叶乔木，雄株，主干直立，顶端优势明显，干性强，树体高大，侧枝较多，粗细不匀，枝条直伸，生长季节枝条绿色，冬季枝条红褐色。叶片披针形，叶片长9.5～10cm，宽1.3～1.4cm，叶柄长0.7～0.9cm，叶缘锯齿状。托叶披针形，长0.5～0.7cm，叶缘细锯齿状。枝条在立秋后逐步变色，颜色随着天气变冷加深，由绿色到落叶时变成红褐色，落叶晚。

在山东滨州地区物候期：芽膨大期3月下旬，萌芽期3月26日，展叶期3月29日至4月8日，叶色始变期11月7日，落叶末期12月下旬。'仁居柳1号'与对照品种'渤海柳1号'相比，其性状差异见下表。

品种	性别	枝条	托叶形状	叶柄长度（cm）
'仁居柳1号'	雄性	直伸	披针形	0.7～0.9
'渤海柳1号'	雌性	上弯	卵形	1.2～1.5

左：CK1号；右：119-3

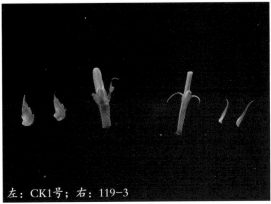

左：CK1号；右：119-3

蒙树1号杨

（杨属）

联系人：铁英
联系方式：18504717615　国家：中国

申请日：2016年6月16日
申请号：20160126
品种权号：20170066
授权日：2017年10月17日
授权公告号：国家林业局公告
（2017年第17号）
授权公告日：2017年10月27日
品种权人：内蒙古和盛生态科技研究院有限公司
培育人：朱之悌、赵泉胜、林惠斌、李天权、康向阳、铁英、封卫平

品种特征特性：'蒙树1号杨'为雌株，花序长9～13cm，蒴果2裂，树干笔直，树皮灰白色。成年树皮孔点状，分布较均匀，部分呈深度菱形开裂，树干基部深纵裂。树形开展，卵形，侧枝稀疏，分枝角小于45°。长枝叶卵形，碗状，先端圆钝，基部阔楔形，叶背部多茸毛，具浅裂。短枝叶卵圆形，碗状，叶尖圆钝，基部微心形，叶缘具浅裂。

　　速生，具有较强的抗寒性、抗旱性和抗病虫害能力。能在北纬41°以北和西北地区正常生长，主要适宜于气候干旱寒冷的内蒙古、宁夏、辽宁和吉林南部等区域的平原和川地栽培。可用硬枝或嫩枝扦插育苗，为保证繁殖材料的幼化，应采用根基萌枝条作为扦插繁殖材料，也可通过组织培养方式进行繁殖；以春季造林为主，造林宜选择地势平坦、土层深厚的平川地。

蒙树2号杨

（杨属）

联系人：铁英

联系方式：18504717615　国家：中国

申请日：2016年6月16日

申请号：20160127

品种权号：20170067

授权日：2017年10月17日

授权公告号：国家林业局公告（2017年第17号）

授权公告日：2017年10月27日

品种权人：内蒙古和盛生态科技研究院有限公司

培育人：朱之悌、赵泉胜、林惠斌、李天权、康向阳、铁英、封卫平

品种特征特性：'蒙树2号杨'为雄株，树干中部微弯；树皮灰白色。成年树皮孔菱形，数个连接呈线性，树干基部呈中度纵裂。树形开展呈阔卵形，侧枝较粗，分枝角大于50°。长枝叶卵圆形，碗状，先端圆钝，基部微心形，叶基交叠，叶背部多茸毛，具浅裂。短枝叶卵圆形，碗状，叶尖圆钝，基部具2腺点，叶基部微心形，叶缘具浅裂。雄花序长约6～8cm，雄蕊呈红色，每个小花含12～15个雄蕊；苞片尖裂，具长柔毛。

速生，具有较强的抗寒性、抗旱性和抗病虫害能力。能在北纬41°以北和西北地区正常生长，主要适宜于气候干旱寒冷的内蒙古、宁夏、辽宁和吉林南部等区域的平原和川地栽培。可用硬枝或嫩枝扦插育苗，为保证繁殖材料的幼化，应采用根基萌枝条作为扦插繁殖材料，也可通过组织培养方式进行繁殖；以春季造林为主，造林宜选择地势平坦、土层深厚的平川地。

冬态

雄花序

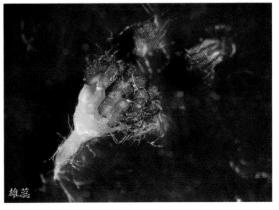

雄蕊

金野

（紫穗槐属）

联系人：石进朝

联系方式：13683357306　国家：中国

申请日：2016年6月23日

申请号：20160132

品种权号：20170068

授权日：2017年10月17日

授权公告号：国家林业局公告
（2017年第17号）

授权公告日：2017年10月27日

品种权人：北京农业职业学院

培育人：石进朝

品种特征特性：‘金野’为蝶形花科紫穗槐属落叶灌木，株型直立，丛生，高约2m。小枝深紫色。新梢金黄色，新梢基部黄绿色。叶互生，奇数羽状复叶，小叶11～25片，卵形，狭椭圆形；新生叶金黄色，老叶渐变为绿色。总状花序顶生或枝端腋生，花轴密生黄色短柔毛。荚果弯曲短，排列较稀疏。花果期4～5月，果熟期10月。

　　‘金野’4月上旬春芽金黄色，4月中旬新展叶金黄色，4月下旬至5月初新生叶为金黄色，老叶渐变为绿色。1年生冬枝深紫色。

春芽

花枝

新梢

‘金野’紫穗槐与紫穗槐叶的区别

金粉妍

（山茶属）

联系人：沈云光

联系方式：15925159105　国家：中国

申请日： 2016年6月24日

申请号： 20160133

品种权号： 20170069

授权日： 2017年10月17日

授权公告号： 国家林业局公告
（2017年第17号）

授权公告日： 2017年10月27日

品种权人： 中国科学院昆明植物
研究所

培育人： 沈云光、夏丽芳、冯宝
钧、王仲朗、谢坚

品种特征特性：'金粉妍'为种间杂交后代中选育。母本是云南山茶品种'梅红'（*Camellia reticulata* 'Meihong'），父本是金花茶（*Camellia nitidissima*）。该品种于1987年2月进行杂交授粉，当年9月获得杂交果实，1991年首次开花。'金粉妍'为小乔木。叶披针形至椭圆形，先端窄短尾尖至渐尖，边缘具细锯齿，长7～10cm，宽3.2～4.8cm，叶脉明显，叶柄带红色，显现出父本的特征。花顶生和腋生，粉红色（RHS 62A），半重瓣至松散牡丹型，花径6～7cm，花瓣22～24枚，3～4轮排列，花瓣顶端微凹。雄蕊多数，围成筒状于花心；花柱4裂近中部，子房有毛。染色体2n=60。花期1～3月。
'金粉妍'适应性好，生长快，喜温暖的气候环境，生长旺季在每年花后3～6月份，在西南地区生长良好。喜散射光、疏光的环境，忌阳光暴晒，叶片易发黄；不耐酷暑和霜冻，冬季气温低于−4℃时花蕾受冻干枯脱落。喜酸性、排水良好的团粒结构土壤，忌水涝和干旱，易出现烂根和掉叶的情况。'金粉妍'观赏性高，可作庭院绿化树种，用于美化公园、绿地或盆栽观赏。

艳红霞

（山茶属）

联系人：沈云光
联系方式：15925159105　国家：中国

申请日：2016年6月24日
申请号：20160134
品种权号：20170070
授权日：2017年10月17日
授权公告号：国家林业局公告
（2017年第17号）
授权公告日：2017年10月27日
品种权人：中国科学院昆明植物
研究所
培育人：沈云光、夏丽芳、冯宝
钧、王仲朗、谢坚

品种特征特性：'艳红霞'为云南山茶品种'大理茶'（*Camellia reticulata* 'Dalicha'）自然授粉结实的后代中选育而成。于1965年10月采集'大理茶'的自然授粉果实进行播种，1972年首次开花，2004年发现其花色花型独特，明显区别于现有的已知山茶属云南山茶品种。'艳红霞'为乔木。叶椭圆形，先端渐尖，基部宽楔形至圆形，叶缘细齿状，长8.5~9.5cm，宽4.6~5.3cm。花牡丹重瓣型，深桃红色（RHS 57D），花瓣19~24枚，4~5轮排列，花径11~14cm，外轮花瓣椭圆形，花瓣顶端微凹。雄蕊分3~6束夹生于曲折的花瓣中间，雄蕊有瓣化现象；雌蕊退化。花期12月至翌年2月。

'艳红霞'适应性强，生长快，喜温暖的气候环境，生长旺季在每年花后3~6月，在西南地区生长良好。喜光照充足的环境，但忌阳光暴晒，叶片易发黄；不耐酷暑。喜酸性、排水良好的团粒结构土壤，忌水涝和干旱，易出现烂根和掉叶的情况。'艳红霞'花大色艳，观赏性高，可作庭院绿化树种，用于美化公园、绿地或盆栽观赏。

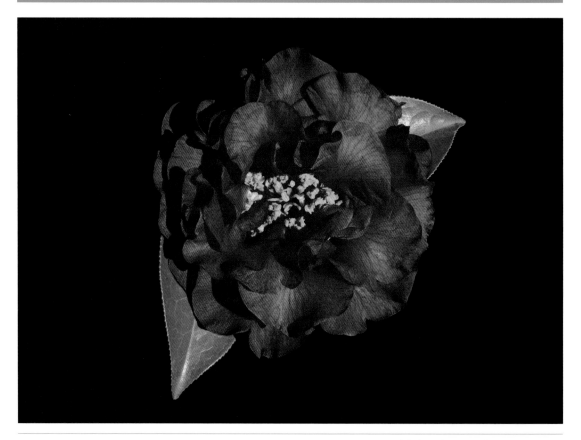

紫锦

（杜鹃花属）

联系人：石姜超

联系方式：0631-5520277　国家：中国

申请日：2016年6月27日

申请号：20160139

品种权号：20170071

授权日：2017年10月17日

授权公告号：国家林业局公告
（2017年第17号）

授权公告日：2017年10月27日

品种权人：威海七彩生物科技有
限公司

培育人：戚海峰、丛群、梁中
贵、林东旭

品种特征特性：'紫锦'为常绿灌木，树冠饱满近圆形，浅根系植物。1年生新枝绿色，后随着木质化加深变为灰褐色，深纵裂。1年生枝淡绿色，并有裂纹。雌雄同株，花絮顶生，花期4～6月，蒴果，果期6～8月。经过组织培养繁殖培育的无性系植株，枝条叶片和花型花色的特异性状表现基本一致。经过无性繁育的后代，表现出与母株相同的形态特征，没有退化或分化现象。'紫锦'与其父母本比较，性状差异见下表。

品种	花型	花色
'紫锦'	花瓣边缘较整齐，花瓣边缘微皱	紫红色
'紫玉'	花瓣边缘为滚边	深紫红色
'凯特'	花瓣边缘较整齐	淡紫色

'凯特'株型　　'紫锦'株型　　'紫锦'株型　　'凯特'花序

津林一号

（白蜡树属）

联系人：李玉奎

联系方式：2222857867   国家：中国

申请日：2016年6月29日

申请号：20160141

品种权号：20170072

授权日：2017年10月17日

授权公告号：国家林业局公告
（2017年第17号）

授权公告日：2017年10月27日

品种权人：天津海润泽农业科技发展有限公司

培育人：李玉奎、李蕊、吕宝山、孔凡涛、张景新、张月红、赵阳、许庆良、杨婧、辛娜、魏志勇、袁小磊

品种特征特性：'津林一号'为落叶乔木，雌株。树干通直，挺拔，生长期长，植株冠形为阔卵形。2～4年生树皮浓绿色（木质化后成熟枝条表皮为灰色）、光滑，皮孔较密；当年生枝树皮鲜绿色。植株枝密度中。奇数羽状复叶，小叶7片，幼叶紫色，夏季成熟叶绿色，秋季叶橙黄色，革质；小叶无或近无叶柄，小叶间距为中，顶生小叶为椭圆形至卵圆形，大小为大，长18cm，宽10.8cm，顶生小叶叶缘疏锯齿，顶部形状为渐尖。圆锥花序侧生于上年枝上，先开花后展叶。'津林一号'与相似种白蜡相比，其性状差异见下表。

性状	'津林一号'	白蜡
幼叶颜色	深紫色	紫色
成熟叶片顶生小叶长度（cm）	18.0	10.1
成熟叶片顶生小叶宽度（cm）	10.8	5.1
叶片厚度	肥厚	薄
枝条粗度	粗壮	中

2014年新白蜡生长状

2年生白蜡

芭蕾玉棠

（苹果属）

联系人：朱元娣

联系方式：010-62733995、13522333670　国家：中国

申请日：2016年6月29日

申请号：20160143

品种权号：20170073

授权日：2017年10月17日

授权公告号：国家林业局公告
（2017年第17号）

授权公告日：2017年10月27日

品种权人：中国农业大学

培育人：朱元娣、张文、张天柱、李光晨

品种特征特性：'芭蕾玉棠'树体柱形，直立生长，生长势强健。花蕾粉红色，花开粉白色，单瓣花型；花量大，满枝成串开放，美观悦目；花期较长，北京地区花期约为4月10日至4月25日，约10～15天。春季幼叶亮绿色，夏季叶色浓绿。谢花后果实绿色，成熟期果实黄绿色，果个小、数量多，成串挂满枝条，9月中下旬成熟。

10年生玉棠开花　果实

花

卷瓣

（含笑属）

联系人：马晓青

联系方式：18213440886　国家：中国

申请日：2016年7月1日

申请号：20160148

品种权号：20170074

授权日：2017年10月17日

授权公告号：国家林业局公告
（2017年第17号）

授权公告日：2017年10月27日

品种权人：中国科学院昆明植物
研究所

培育人：熊江、徐海燕、龚洵

品种特征特性：'卷瓣'为常绿小乔木，枝叶繁密，高5～6m。芽、嫩枝、花梗、苞片密被红褐色平伏毛。叶革质，狭倒卵形或倒披针形，长9～13cm，宽2.8～3.9cm；先端钝尖，基部楔形，叶上面深绿色，下面灰绿色，被红褐色平伏毛，中脉密被，两侧稀疏；侧脉9～12条；叶柄长1.1～1.4cm，托叶痕长为叶柄长的1/2～2/3。花梗粗短，长0.8～1.0cm；花白色，花被片9～11片，倒卵形，先端外卷，基部淡黄色，长3.0～4.2cm，外两轮宽1.3～1.8cm，内轮稍狭小，宽1.0～1.2cm；雄蕊50～65枚，淡黄色，偶有瓣化雄蕊，侧向开裂，雄蕊群柄密被白色平伏毛；雌蕊群绿色，长1.2～1.5cm，雌蕊群柄及心皮均密被白色平伏毛，心皮15～27枚；花期12～翌年2月，单花期4～5天，果期9～10月。

　　适宜栽种于温带、亚热带的大部分地区，可庭院栽培，亦可露地栽植，露地植株分枝密集，树冠大，叶色光亮。比较耐干旱、耐贫瘠，适宜的土壤为富含有机质的腐殖土，pH5～6.5。定植时间以尚未萌发新叶的早春为宜，每年冬季用腐殖土或粉碎的木屑覆盖根部地表。

蜡瓣

（含笑属）

联系人：马晓青

联系方式：18213440886 国家：中国

申请日：2016年7月1日

申请号：20160149

品种权号：20170075

授权日：2017年10月17日

授权公告号：国家林业局公告
（2017年第17号）

授权公告日：2017年10月27日

品种权人：中国科学院昆明植物
研究所

培育人：徐海燕、熊江、龚洵

品种特征特性：'蜡瓣'为常绿灌木或小乔木，高 2～4m。芽、嫩枝、叶柄、花梗、苞片上密被红褐色长茸毛。叶厚革质，长椭圆形至宽披针形，长 8～13cm，宽 3.5～5cm，先端钝尖，基部楔形；叶面墨绿色，有光泽，网脉明显，叶背灰绿色，密被红褐色平伏毛，侧脉 10～13 条；叶柄长 1.3～1.9cm，托叶痕长为叶柄长的 1/3～1/2。花梗粗短，长 1.3～1.7cm；花淡黄色，花被片 9～11 片，长卵圆形或匙形，长 3.9～4.6cm，宽 3.1～3.8cm，内轮略狭窄，宽 2.4～2.9cm；雄蕊淡黄色，长 1.2～2cm，花药长 0.6～1.4cm，侧向开裂，雄蕊群柄密被红褐色平伏毛；雌蕊群绿色，卵圆形或长圆状卵圆形，长 1.7～2cm，雌蕊群柄密被白色平伏毛，心皮 34～40 枚，卵圆形，长 5～6mm，花柱长约 2mm。花期 2～4 月，单花期 4～5 天，果期 9～10 月。

适宜栽种于温带、亚热带的大部分地区，可庭院栽培，亦可露地栽植，露地植株分枝密集。比较耐干旱、耐贫瘠，适宜的土壤为富含有机质的腐殖土，pH5～6.5。定植时间以尚未萌发新叶的早春为宜，每年冬季用腐殖土或粉碎的木屑覆盖根部地表。

寒缃

（槭属）

联系人：祝志勇

联系方式：13805833862 国家：中国

申请日：2016年7月4日

申请号：20160150

品种权号：20170076

授权日：2017年10月17日

授权公告号：国家林业局公告
（2017年第17号）

授权公告日：2017年10月27日

品种权人：宁波城市职业技术学院

培育人：王志龙、祝志勇、林乐静、林立

品种特征特性：'寒缃'是从秀丽槭（*Acer elegantulum* Fang）实生苗中选育出来的，属槭树科（Aceraceae）槭属（*Acer* Linn.）落叶乔木。树皮灰绿色，稍粗糙。当年生枝条春季红中带黄，夏秋季黄绿色，冬季金黄色，多年生枝条黄绿色。叶片纸质，基部深心形或近于心形，掌状5裂，中央裂片与侧裂片长圆状卵形，先端长尾状锐尖，边缘具有粗锯齿，叶片上面绿色，无毛，下面淡绿色，除脉腋被黄色柔毛其余无毛或几无毛，初时疏生伏柔毛后变无毛；伞房花序顶生；花萼片5，红紫色；花瓣5，黄色。翅果幼时淡绿色，成熟时棕黄色，脉纹明显；坚果长圆形或卵圆形，有时近球形，无毛，幼时黄绿色，成熟时棕黄色，两翅张开近水平。花期3～4月，果期10月。成熟叶绿色；秋叶黄色。

喜温凉湿润气候，在中性、酸性及石灰性土上均能生长。生长较快，深根性，抗风力强，病虫害少。在浙江、安徽、福建、江苏、贵州、四川、上海、江西等地海拔100～1000m的范围内均能种植。

黄堇

（槭属）

联系人：祝志勇
联系方式：13805833862　国家：中国

申请日： 2016年7月4日
申请号： 20160151
品种权号： 20170077
授权日： 2017年10月17日
授权公告号： 国家林业局公告
（2017年第17号）
授权公告日： 2017年10月27日
品种权人： 宁波城市职业技术学院
培育人： 祝志勇、林乐静、叶国庆

品种特征特性： '黄堇'是从槭树科（Aceraceae）槭属（*Acer* Linn.）秀丽槭（*Acer elegantulum*）播种繁殖苗中单株芽变选育出来的品种。为落叶乔木。叶片纸质，基部深心形近于心形，掌状5裂，裂片长披针形，先端渐尖，边缘具有锯齿，裂片深达叶片的1/2～3/4，新叶淡青黄色，成熟春叶浅黄绿色或浅黄绿色与绿色相间，初夏叶深黄绿色或深黄绿色与绿色相间，后渐变为浅青黄色与绿色相间0。该品种适生区域在浙江、江苏、安徽、江西、湖北、湖南、贵州等地海拔100～1200m范围内。幼时可在林下生长，为弱阳性树种，耐半阴，夏季高温会产生叶片灼伤焦叶现象；喜温暖湿润气候及肥沃、湿润而排水良好之土壤，微酸性、中性土均能适应。

黄莺

（槭属）

联系人：祝志勇
联系方式：13805833862　国家：中国

申请日：2016年7月4日

申请号：20160152

品种权号：20170078

授权日：2017年10月17日

授权公告号：国家林业局公告
（2017年第17号）

授权公告日：2017年10月27日

品种权人：宁波城市职业技术学院

培育人：祝志勇、林乐静、叶国庆

品种特征特性：'黄莺'是从槭树科（Aceraceae）槭属（*Acer* Linn.）秀丽槭（*Acer elegantulum*）播种繁殖苗中单株芽变选育出来的。为落叶乔木。当年生枝条黄绿色，叶片纸质，基部深心形或近于心形，掌状 5 裂，裂片长披针形，先端渐尖，边缘具有粗锯齿，裂片深达叶片的 1/2～3/4，新叶红棕色与深红相间，成熟春叶深青黄色与绿色相间，初夏叶深黄绿色与绿色相间，夏末叶渐变为亮黄绿色与绿色相间。

品种适生区域在浙江、江苏、安徽、江西、湖北、湖南、福建、贵州等地海拔 100～1200m 范围内。幼时可在林下生长，为弱喜光树种，耐半阴，在阳光直射处孤植夏季高温时稍有灼伤现象；喜温暖湿润气候及肥沃、湿润而排水良好之土壤，微酸性、中性土均能适应。

炫红杨

（杨属）

联系人：程相军

联系方式：15518715572　国家：中国

申请日：2016年7月4日

申请号：20160153

品种权号：20170079

授权日：2017年10月17日

授权公告号：国家林业局公告（2017年第17号）

授权公告日：2017年10月27日

品种权人：商丘市中兴苗木种植有限公司

培育人：程相军、王爱科、张新建、张和臣、王利民、李树清、程相魁

品种特征特性：'炫红'杨（*Populus deltoides* 'Xuanhong'）杨属，是美洲黑杨'中红'杨的芽变品种，雄性无飞絮。'炫红'杨较'金红'杨叶片稍大，呈三角形，干形通直，树皮纵裂，侧枝夹角大，1年生苗干有棱角，鲜红色，皮孔分布均匀，椭圆形；叶芽半贴生，鲜红色，三角形；叶片平展光滑无茸毛，短枝叶叶尖短尾尖，叶基阔楔形，叶缘具均匀锯齿。春季苗期叶片鲜红或橙红色；夏季苗期叶片上部橙红色，下部橙色至橙黄色；秋季苗期叶片上部橙红色，下部橙色至橙黄色。色彩靓丽，观赏效果好。与原株'中红'杨相比，侧枝多，节间短，生长势弱，顶端优势不明显。与'金红'杨相比遇35℃以上高温干旱天气，不焦叶。大面积栽植可形成花海，是打造红色风景区的优选品种。

南林红

（枫香属）

联系人：张往祥
联系方式：025-85427686　国家：中国

申请日：2016年7月5日
申请号：20160154
品种权号：20170080
授权日：2017年10月17日
授权公告号：国家林业局公告
（2017年第17号）
授权公告日：2017年10月27日
品种权人：南京林业大学
培育人：张往祥、范俊俊、魏宏亮、谢寅峰、陈永霞、王欢、周婷、赵明明、马得草、曹福亮

品种特征特性：'南林红'叶为掌状三深裂，长8～16cm，宽8～16cm，裂片较窄长。叶脉和叶柄均正面呈红色，背面呈绿色。从萌芽至5月上旬，叶呈红色，夏季，除新发的幼叶仍为红色外，成熟的叶片叶色逐渐转为绿色，在10月中旬落叶前又变为红色。病虫害发生情况较少，对低温表现出较好的适应性状。

玲珑

（枫香属）

联系人：张往祥
联系方式：025-85427686　国家：中国

申请日：2016年7月5日
申请号：20160155
品种权号：20170081
授权日：2017年10月17日
授权公告号：国家林业局公告
（2017年第17号）
授权公告日：2017年10月27日
品种权人：南京林业大学
培育人：张往祥、周婷、周道建、范俊俊、彭冶、陈永霞、赵明明、杨萍、曹福亮

品种特征特性：'玲珑'与原种相比，叶小型且叶多型，其中叉状三裂叶片阔卵形（约占60%），长7～8cm，宽7～9cm；叉状单裂叶片不对称（约占30%），长7～8cm，宽4～6cm；不分裂的叶片卵形（约占10%），长6～8cm，宽3～5cm。嫩枝略有被毛。树型丰满，分枝能力强，分枝角对称，不偏冠。

粉芭蕾

（苹果属）

联系人：张往祥
联系方式：025-85427686　国家：中国

申请日：2016年7月5日
申请号：20160156
品种权号：20170082
授权日：2017年10月17日
授权公告号：国家林业局公告
（2017年第17号）
授权公告日：2017年10月27日
品种权人：南京林业大学
培育人：张往祥、赵明明、范俊
俊、周婷、陈永霞、周道建、乔
梦、曹福亮

品种特征特性：'粉芭蕾'花蕾大（直径1.6～2.0cm），花径达到5.5cm
以上，重瓣性强（14～22枚），花朵雌蕊数（21个）极多。花色
律动性强，最佳观赏花期较长（10～12天），观赏性极佳。植株
花梗和花托被毛，阳面紫红色，阴面绿色。花萼片不反卷。1年生
枝条有毛，红褐色。

森淼金粉冠

（文冠果）

联系人：秦彬彬

联系方式：13909507550　国家：中国

申请日： 2016年7月11日

申请号： 20160160

品种权号： 20170083

授权日： 2017年10月17日

授权公告号： 国家林业局公告（2017年第17号）

授权公告日： 2017年10月27日

品种权人： 宁夏林业研究院股份有限公司

培育人： 王娅丽、沈效东、李永华、朱丽珍、李彬彬、王英红

品种特征特性： '森淼金粉冠'是通过单株选优的方法选育出的新品种，开花繁茂，花色艳丽，为果用和园林绿化兼用型。树形开展，树势强健；幼枝紫红色，光滑无毛。总状花序，圆柱形，两性花／总花数量比例中等；开花繁密，花苞柠檬黄色，花瓣颜色随开花时间的延长而变化，初开花瓣浅黄色，开花2～3天后花瓣中部至先端由浅黄色渐变为浅粉色，基部斑晕由黄色渐变为红色；花瓣边缘齿裂。叶色深绿，叶片阔披针形，大，叶柄连接处反扭，使叶片卷曲，不平展，叶缘锯齿较宽，深裂。果形为柱形，果实3心皮，成熟种子褐色，平均千粒重为960g。

适宜种植于宁夏、内蒙古、陕西、甘肃、山东、山西等文冠果主要种植区。

展叶单株

花序

开花单株

森淼重瓣冠

（文冠果）

联系人：秦彬彬

联系方式：13909507550　国家：中国

申请日： 2016年7月11日

申请号： 20160161

品种权号： 20170084

授权日： 2017年10月17日

授权公告号： 国家林业局公告（2017年第17号）

授权公告日： 2017年10月27日

品种权人： 宁夏林业研究院股份有限公司

培育人： 王娅丽、李永华、沈效东、朱丽珍、李彬彬、王英红

品种特征特性： ‘森淼重瓣冠’树形开展，树势强健；枝条斜上伸展，幼枝被毛；小叶披针形，微卷；总状花序，圆柱形，花序轴、花梗、花萼多毛；每花序约20～30朵小花组成，花小，无性花，雄蕊、雌蕊等花器都转化为绒状花瓣，每朵花约30个花瓣组成绒球状；花瓣白色，随开花时间的延长花瓣中部至先端保持白色不变，基部斑晕由黄色渐变为红色；花瓣4层，外层花瓣较大为倒卵形，逐层变小，内层花瓣长条型；不结实，无果实和种子。

适宜种植于宁夏、内蒙古、陕西、甘肃、山东、山西等文冠果主要种植区。

开花单株

花朵

花序

森淼桃红冠

（文冠果）

联系人：秦彬彬

联系方式：13909507550　国家：中国

申请日：2016年7月11日

申请号：20160162

品种权号：20170085

授权日：2017年10月17日

授权公告号：国家林业局公告（2017年第17号）

授权公告日：2017年10月27日

品种权人：宁夏林业研究院股份有限公司

培育人：王娅丽、沈效东、李永华、朱强、朱丽珍、李彬彬

品种特征特性：'森淼桃红冠'为果用和园林绿化兼用型新品种。树形开展，树势强健；枝条平展，幼枝紫红色，光滑无毛；小叶绿色，披针形，叶片大小中，无卷曲，小叶锯齿中；总状花序，圆柱形，两性花／总花数量比例中等；开花繁密，花径大，花瓣倒卵状披针形，花瓣颜色随开花时间的延长而变化，初期花瓣白色，开花中后期花瓣中部至先端渐变为粉红色，花瓣基部渐变为深紫色；盛花期花序顶部为白色花瓣，花序基部为桃红色花瓣；开花后期全部渐变为桃红色花瓣；花瓣横卷，褶皱明显；结果数量中，果实为倒卵形，果实3心皮；成熟种子褐色，千粒重平均为926g。

　　适宜种植于宁夏、内蒙古、陕西、甘肃、山东、山西等文冠果主要种植区。

开花单株

花序

结果状

红焰

（槭属）

联系人：张远凤
联系方式：13688107938　国家：中国

申请日：2016年7月14日
申请号：20160163
品种权号：20170086
授权日：2017年10月17日
授权公告号：国家林业局公告
（2017年第17号）
授权公告日：2017年10月27日
品种权人：四川七彩林业开发有限公司
培育人：高尚、杨金财、张远凤、何程相、郑超、吴佳川、罗雪梅、马建华

品种特征特性：'红焰'为落叶灌木，当年生枝条绿色带白点或白色条纹，多年生枝为灰色。叶片类型为单叶，纸质，基部形状近于心形，先端尾部锐尖，重锯齿，掌状5裂。叶片各裂片形状相近，形状为长卵圆形，尖端为长尾状锐尖，边缘具有不整齐重锯齿，裂片深度为叶片基部；幼叶（叶片展开前）鲜红色，成熟叶片展开时颜色为红色，而且在春夏两季会持续不断发出新叶，老叶逐渐变为紫红色，随后颜色愈来愈淡，最后呈深绿色，秋季为砖红色。'红焰'与其近似种'青枫'相比，主要不同点见下表。

性状	'红焰'	'青枫'
基部形状	近于心形	深心形
叶片各裂片形状	长卵圆形	卵圆形至长三角形
裂片锯齿类型	不整齐重锯齿	单锯齿
裂片深度	叶片基部	叶片长度4/5
幼叶颜色（叶片展开前）	鲜红色	暗红色
成熟叶片展开时颜色	鲜红	绿色

叶片对比：'红焰'（上），'青枫'（下）

鲁柳1号

（柳属）

联系人：秦光华
联系方式：13791060960　国家：中国

申请日：2016年7月19日
申请号：20160164
品种权号：20170087
授权日：2017年10月17日
授权公告号：国家林业局公告
（2017年第17号）
授权公告日：2017年10月27日
品种权人：山东省林业科学研究
院、滨州市一逸林业有限公司
培育人：秦光华、焦传礼、宋玉
民、乔玉玲、姜岳忠、曹帮华、
于振旭、董玉峰、白云祥

品种特征特性：‘鲁柳1号’为雄株。树干通直，顶端优势明显。大树皮绿色，皲裂不明显。树冠窄。侧枝分枝角度36°～42°，侧枝较细，分枝密集，小枝上弯，自然整枝能力强。一年生小苗苗干红褐色。叶片披针形，长10～18cm，宽1.5～1.8cm，叶基耳形，叶柄长0.7～0.9cm。雄花序花粉囊成熟自尖端向中下部成熟。该品种3月上旬芽膨大，3月下旬展叶，果熟期4月下旬，落叶末期在12月上旬。

整株

小枝形态

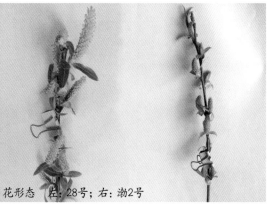

花形态　左：28号；右：渤2号

鲁柳2号

（柳属）

联系人：秦光华
联系方式：13791060960 国家：中国

申请日：2016年7月19日
申请号：20160165
品种权号：20170088
授权日：2017年10月17日
授权公告号：国家林业局公告
（2017年第17号）
授权公告日：2017年10月27日
品种权人：山东省林业科学研究院、滨州市一逸林业有限公司
培育人：秦光华、焦传礼、宋玉民、乔玉玲、姜岳忠、曹帮华、康智、董玉峰、白云祥

品种特征特性：'鲁柳2号'为落叶乔木，雄株。主干直立，顶端优势强。侧枝分布均匀，生长季节一年生苗干紫红色。分枝角度47°~48°，枝条直伸，枝梢超过5cm的分枝数8~10个，枝条节间长度2.14cm。叶片披针形，长10~15cm，宽1.3~1.8cm，最宽的位置近中部，叶基部圆形，基部有腺点，叶柄长0.4~0.6cm，叶缘细锯齿状。托叶卵形，长0.6~0.7cm。雄性花絮花粉囊从尖端向中下部成熟。芽膨大期3月上旬，萌芽期3月19日，展叶期3月29日至4月8日，叶色始变期11月2日，落叶末期11月20日。

苗干形态

鲁柳3号

（柳属）

联系人：秦光华
联系方式：13791060960　国家：中国

申请日：2016年7月19日

申请号：20160166

品种权号：20170089

授权日：2017年10月17日

授权公告号：国家林业局公告
（2017年第17号）

授权公告日：2017年10月27日

品种权人：山东省林业科学研究院、沧州市一逸柳树育种有限公司

培育人：秦光华、焦传礼、宋玉民、乔玉玲、姜岳忠、桑亚林、刘德玺、刘桂民、白云祥

品种特征特性：'鲁柳3号'落叶乔木，雄株。主干直立，顶端优势强，枝梢叶芽红褐色，饱满，分枝角度37°～42°，枝条直伸，枝梢超过5cm的分枝数2～3个。叶片披针形，叶片长10～15cm，宽1.2～1.8cm，最宽的位置为中下部，叶基窄楔形，叶基有腺点，叶缘细锯齿状。叶柄长0.7～0.8cm。托叶披针形。芽膨大期3月上旬，萌芽期3月19日，展叶期3月26日至4月6日，叶色始变期11月5日，落叶末期11月27日。

左：沾95；右：渤1号

鲁柳6号

（柳属）

联系人：秦光华

联系方式：13791060960　国家：中国

申请日：2016年7月19日

申请号：20160167

品种权号：20170090

授权日：2017年10月17日

授权公告号：国家林业局公告（2017年第17号）

授权公告日：2017年10月27日

品种权人：山东省林业科学研究院、滨州市一逸林业有限公司

培育人：秦光华、焦传礼、宋玉民、乔玉玲、姜岳忠、桑亚林、刘德玺、刘桂民、白云祥

品种特征特性：'鲁柳6号'为落叶乔木，雌株。主干通直，顶端优势强，枝条斜上伸展，侧枝分布不均匀，生长季节枝条浅绿色，冬季枝条浅绿色，分枝角度32°～38°，枝条直伸，枝梢超过5cm的分枝数2～3个。叶片阔披针形，长11～17cm，宽2.3～3.0cm，叶柄较短。叶基部圆形，叶缘细锯齿状。托叶卵形。芽膨大期3月上旬，萌芽期3月19日，展叶期3月29日至4月8日，叶色始变期11月6日，落叶末期11月28日。

整株

叶

银皮柳

（柳属）

联系人：秦光华
联系方式：13791060960　国家：中国

申请日：2016年7月19日

申请号：20160168

品种权号：20170091

授权日：2017年10月17日

授权公告号：国家林业局公告（2017年第17号）

授权公告日：2017年10月27日

品种权人：沧州市一逸柳树育种有限公司、山东省林业科学研究院

培育人：焦传礼、秦光华、宋玉民、乔玉玲、姜岳忠、杨庆山、魏海霞、白云祥

品种特征特性：'银皮'柳为落叶乔木，雌株。主干直立，顶端优势强。枝条直伸，侧枝分布不均匀，生长季节枝条浅绿色，分枝角度35°～40°，枝梢超过5cm的分枝数2～3个。叶片披针形，正反两表面被毛，最宽的位置近中部，叶长10～15cm，宽1.6～2.5cm，叶基部楔形，叶柄较短，长0.5～0.6cm，叶缘细锯齿状。托叶披针形，较大。芽膨大期3月上旬，萌芽期3月24日，展叶期3月29日至4月10日，叶色始变期11月2日，落叶末期11月27日。

树皮

整株

仁居柳2号

（柳属）

联系人：秦光华

联系方式：13791060960　国家：中国

申请日：2016年7月19日

申请号：20160169

品种权号：20170092

授权日：2017年10月17日

授权公告号：国家林业局公告（2017年第17号）

授权公告日：2017年10月27日

品种权人：滨州市一逸林业有限公司、山东省林业科学研究院

培育人：焦传礼、秦光华、宋玉民、乔玉玲、姜岳忠、王霞、李永涛、杨庆山、白云祥

品种特征特性：'仁居柳2号'为落叶乔木，雄株。干性强，顶端优势明显。速生，扦插3年胸径可达12.5cm。枝条节间短。腋芽先端尖，扁、长，芽尖向一侧偏斜。叶片长披针形，叶长10～14cm，宽2～2.3cm，叶柄较长，0.8～1.0cm，叶片最宽处近中部。托叶片蓄存时间长，10月下旬不落。3年生树皮开裂较细、纵裂。芽膨大期3月上旬，萌芽期3月20日，展叶期3月26日至4月4日，叶色始变期10月26日，落叶末期11月25日。

整株

小枝

紫绒洒金

（牡丹）

联系人：徐宗大

联系方式：15666935932　国家：中国

申请日：2016年7月25日

申请号：20160188

品种权号：20170093

授权日：2017年10月17日

授权公告号：国家林业局公告
（2017年第17号）

授权公告日：2017年10月27日

品种权人：山东农业大学

培育人：赵兰勇、赵明远、徐宗大、于晓艳、邹凯

品种特征特性：'紫绒洒金'为芍药科芍药属落叶丛生灌木，株形直立、中高。1年生枝条18~20cm，节间较短，萌蘖多。二回羽状复叶，顶小叶深裂、裂片细长，侧小叶多深裂、缺刻尖；新生枝条和叶柄紫红色。花蕾圆形，无侧蕾；花粉紫色（RHS 75A），颜色纯正，明度高；中型花，花径14~16cm，皇冠型或托桂型，外轮花瓣2轮，宽大平展，花瓣外缘浅裂；雄蕊瓣化，其间夹杂未瓣化完全的雄蕊，雌蕊亦瓣化；花茎挺直，花梗长，花朵直立向上，花期中。

性喜温暖、凉爽、干燥的环境，中原、华北、西北地区均较为适宜，东北地区冬季需防寒越冬，江南湿润多雨地区不宜栽培。适宜在疏松、深厚、肥沃、地势高燥、排水良好的中性砂壤土中生长。不耐积水、夏季高温和烈日暴晒，宜侧方遮阴。

满堂红

（苹果属）

联系人：胡丁猛

联系方式：13606372095　国家：中国

申请日：2016年8月1日

申请号：20160196

品种权号：20170094

授权日：2017年10月17日

授权公告号：国家林业局公告
（2017年第17号）

授权公告日：2017年10月27日

品种权人：山东省林业科学研究
院、昌邑海棠苗木专业合作社、
昌邑市林业局

培育人：许景伟、胡丁猛、王立
辉、闫兴建、李传荣、明建芹、
孔雪华、刘盛芳、亓玉昆

品种特征特性：'满堂红'为乔木。生长势强，树形直立，枝条棕红
色。伞状花序，单瓣花，浅杯型，花瓣压平后直径小，花苞红色，
花瓣椭圆形，排列方式相连，脉突出，正面紫红色（59D），背面
紫红色（59C）。叶片红绿色，中等长度，中等宽度，长宽比中。
叶柄中等长度，有时有裂片。叶缘圆锯齿状。叶面中等光泽，中等
绿色，有中等程度的花青素着色，叶片脱落前主色为橘黄色。着果
量多，果实小，矩形，无果萼，果梗长，果实橘黄色，光泽度强，
果皮无着粉，果肉浅黄色，挂果期很长，始花期晚。

红霞

（苹果属）

联系人：胡丁猛

联系方式：13606372095　国家：中国

申请日：2016年8月1日

申请号：20160197

品种权号：20170095

授权日：2017年10月17日

授权公告号：国家林业局公告
（2017年第17号）

授权公告日：2017年10月27日

品种权人：昌邑海棠苗木专业合
作社、昌邑市林业局、山东省林
业科学研究院

培育人：王圣仟、胡丁猛、明建
芹、姚兴海、王立辉、王春海、
囤兴建、刘浦孝、韩友吉

品种特征特性：'红霞'为乔木。生长势强，树形直立，枝条棕红色。
伞状花序，单瓣花，浅杯型，花瓣压平后直径中，花苞红色，花瓣
卵形，排列方式相连，脉突出，正面边缘红紫色（62A），正面中
心红紫色（68B），正面基部红紫色（68B），背面红紫色（62A）。
叶片红绿色，长度和宽度中等，长宽比中。叶柄中，有时有裂片。
叶缘锯齿状。叶面有中等光泽，中等绿色，有微弱的花青素着色，
叶片脱落前主色为橘黄色。着果量中，果实中等大小，卵形，有时
有果萼，果梗长，果实深红色，光泽度弱，果皮无着粉，果肉黄色，
挂果期长，始花期中。

香荷

（苹果属）

联系人：胡丁猛
联系方式：13606372095　国家：中国

申请日：2016年8月1日
申请号：20160198
品种权号：20170096
授权日：2017年10月17日
授权公告号：国家林业局公告
（2017年第17号）
授权公告日：2017年10月27日
品种权人：昌邑海棠苗木专业合
作社、山东省林业科学研究院、
西诺（北京）花卉种业有限公司
培育人：王立辉、姚兴海、朱升
祥、胡丁猛、齐伟婧、孔雪华、
王春海、李珊、明建芹、钱振权

品种特征特性：'香荷'为乔木。生长势中，树形直立，枝条棕红色。
伞状花序，重瓣花，浅杯型，花瓣压平后直径大，花苞深粉色，花
瓣椭圆形，排列方式重叠，脉突出，正面边缘红紫色（67C），正
面中心红紫色（62C），正面基部红紫色（62C），背面红紫色（67C）。
叶片红绿色，长度和宽度中等，长宽比中。叶柄长，无裂片。叶缘
锯齿状。叶面有中等光泽，中等绿色，有中度的花青素着色，叶片
脱落前主色为橘黄色。着果量中，果实小，扁矩形，无果萼，果梗
长，果实红色，光泽度弱，果皮无着粉，果肉黄色，挂果期很长，
始花期中。

银杯

（苹果属）

联系人：胡丁猛
联系方式：13606372095　国家：中国

申请日： 2016年8月1日
申请号： 20160199
品种权号： 20170097
授权日： 2017年10月17日
授权公告号： 国家林业局公告
（2017年第17号）
授权公告日： 2017年10月27日
品种权人： 昌邑海棠苗木专业合
作社、昌邑市林业局、山东省林
业科学研究院
培育人： 姚兴海、王立辉、朱升
祥、胡丁猛、齐伟婧、孔雪华、
王春海、李珊、明建芹

品种特征特性： '银杯'为乔木。生长势强，树形帚型，枝条棕绿色。
伞状花序，单瓣花，浅杯型，花瓣压平后直径中，花苞红色，花瓣
阔椭圆形，排列方式相连，脉突出，正面白色（NN155D），背面
白色（NN155B）。叶片绿色，中等长度，较窄，长宽比中。叶柄短，
无裂片。叶缘锯齿状。叶面有中等光泽，中等绿色，无花青素着色，
叶片脱落前主色为橘黄色。着果量很多，果实小，扁矩形，有时有
果萼，果梗中等长度，果实红色，光泽度弱，果皮弱着粉，果肉浅
黄色，挂果期很长，始花期中。

美慧

（李属）

联系方式：13606372095　国家：中国

申请日：2016年8月1日
申请号：20160200
品种权号：20170098
授权日：2017年10月17日
授权公告号：国家林业局公告
（2017年第17号）
授权公告日：2017年10月27日
品种权人：昌邑海棠苗木专业合
作社、山东省林业科学研究院、
昌邑市林业局
培育人：胡丁猛、王立辉、明建
芹、朱升祥、王圣仟、李传荣、
闫兴建、姚兴海、齐伟婧

品种特征特性：'美慧'树体中型大小，分枝角度开张。节间长度中，花枝颜色绿具红斑纹。花芽量中；花蕾阔卵形，粉色；花型是梅花型；花直径中等；萼片数量5；花瓣粉色（48D），阔卵形，大，复瓣；雄蕊相对于花瓣的位置长；雌蕊数1，柱头相对于花药的位置长，花药橘红色。叶绿色，宽披针形，中等长度和宽度，长宽比中，叶面状态平展。果实绿色，圆形，小果，果皮有毛；核椭圆形，核纹多。始花期中，开花持续时间中。

在鲁中和胶东等地区生长良好，喜光、耐旱，喜肥沃而排水良好的良好土壤，不耐水湿。喜夏季高温，有一定的耐寒能力。碱性土及黏重土均不适宜。

海霞

（李属）

联系人：胡丁猛
联系方式：13606372095　国家：中国

申请日：2016年8月1日
申请号：20160201
品种权号：20170099
授权日：2017年10月17日
授权公告号：国家林业局公告
（2017年第17号）
授权公告日：2017年10月27日
品种权人：昌邑海棠苗木专业合
作社、山东省林业科学研究院、
昌邑市林业局
培育人：董伟刚、胡丁猛、许景
伟、王立辉、明建芹、李传荣、
韩友吉、臧真荣、李宗泰

品种特征特性：‘海霞’树体中型大小，分枝角度垂枝型。节间长，花枝颜色绿具红斑纹。花芽量少、中；花蕾阔卵形，红色；花型是牡丹型；花直径中等；萼片数量>5；花瓣浅红色（52A），阔卵形，中等大小，重瓣；雄蕊相对于花瓣的位置近等长，雌蕊数1，柱头相对于花药的位置长，花药黄（橙黄）色。叶绿色，披针形，中等长度和宽度，长宽比中，叶面状态平展。果实单色，绿色，椭圆形，小果，果皮有毛；核椭圆形，核纹多。始花期晚，开花持续时间中。

在鲁中和胶东等地区生长良好，喜光、耐旱，喜肥沃而排水良好的良好土壤，不耐水湿。喜夏季高温，有一定的耐寒能力。碱性土及黏重土均不适宜。

美人楝

（楝属）

联系人：程相军
联系方式：15518715572 国家：中国

申请日：2016年8月1日

申请号：20160208

品种权号：20170100

授权日：2017年10月17日

授权公告号：国家林业局公告（2017年第17号）

授权公告日：2017年10月27日

品种权人：商丘市中兴苗木种植有限公司、河南省农业科学院园艺研究所

培育人：王爱科、程相军、王利民、张和臣、孟月娥、符真珠、陈金焕、程相魁

品种特征特性：'美人楝'（*Melia azedarach* L.）属楝属，是苦楝的芽变品种。干性通直，树势挺拔，树冠圆形，雌雄同株；当年生枝黄绿色，密生白色皮孔，小叶披针形，叶缘皱曲，隆起光滑，有光泽；二回羽状复叶；叶片在生长季呈现幼叶黄色、成熟叶黄绿色、小叶叶柄黄绿色的特征；叶片脱落后，叶痕隆起；花序锥形、直立，花序梗黄绿色；花淡紫色，萼片与花瓣各5片，有芳香，4月25日前后开花；核果球形黄色，直径1～1.2cm，10～11月成熟；11月15～25日落叶。

光红杨

（杨属）

联系人：程相军
联系方式：15518715572 国家：中国

申请日：2016年8月1日
申请号：20160209
品种权号：20170101
授权日：2017年10月17日
授权公告号：国家林业局公告
（2017年第17号）
授权公告日：2017年10月27日
品种权人：商丘市中兴苗木种植有限公司、河南省农业科学院园艺研究所
培育人：程相军、王爱科、张和臣、王利民、陈金焕、程相魁

品种特征特性：'光红'杨（*Populus deltoides* 'Guanghong'）杨属，是美洲黑杨'中红'杨的芽变品种，雄性无飞絮。'光红'杨较'中红'杨叶片小，呈三角形，具有典型的美洲黑杨形态特征，树冠椭圆形，干直，树皮光滑无开裂，灰白色；皮孔分布均匀、短线型；侧枝夹角大，叶芽半贴生，红色，三角形；叶片平展光滑无茸毛，短枝叶叶尖短尾尖，叶基阔楔形，叶缘具均匀锯齿；幼叶上表面颜色为浅红色。展叶期幼叶紫红色，成熟叶片叶面颜色随着枝条的生长，全年生长期从上向下分别紫红色—红色—红绿色—橘黄色或橘红色，与'中红'杨叶色变化基本相似。

'光红'杨

'光红'杨与'中红'杨对照 前排左二为'光红'杨，
前排右一打红标的为'中红'杨

左：叶较小，主脉为浅红色是'光红'杨成熟叶片；
右：主脉鲜红色的为'中红'杨

永福彩霞

（桂花）

联系人：陈日才

联系方式：15280366688　国家：中国

申请日：2016年8月12日

申请号：20160211

品种权号：20170102

授权日：2017年10月17日

授权公告号：国家林业局公告
（2017年第17号）

授权公告日：2017年10月27日

品种权人：山东农业大学、福建
新发现农业发展有限公司

培育人：臧德奎、吴其超、陈日
才、陈朝暖、陈小芳、陈菁菁、
步俊彦、张晴

品种特征特性：'永福彩霞'为灌木，幼枝紫红色，后变黄绿色，叶条形或条状披针形，长 7.5～10.5cm，宽 2.5～3.7cm，叶柄长 0.2～0.7cm，叶片基部楔形至宽楔形，先端渐尖，叶缘基部以上有锯齿，叶面 U 形，侧脉 7～12 对。幼叶颜色变化过程为水红色、黄白色，后叶面有白色斑点，叶缘白色。幼叶叶柄紫红色。

朝阳金钻

（桂花）

联系人：陈日才

联系方式：15280366688　国家：中国

申请日：2016年8月12日

申请号：20160212

品种权号：20170103

授权日：2017年10月17日

授权公告号：国家林业局公告
（2017年第17号）

授权公告日：2017年10月27日

品种权人：福建新发现农业发展
有限公司

培育人：陈日才、陈朝暖、陈小
芳、陈菁菁、臧德奎

品种特征特性：‘朝阳金钻’为小乔木，树冠卵形，幼枝紫红色，叶片椭圆状披针形至披针形，长6～11cm，宽2～4cm，叶柄长0.5～1.2cm，叶基部宽楔形，先端渐尖，叶片全缘或1/2以上有不明显锯齿，叶缘稍向叶背面反卷。幼叶显著V形折曲，侧脉8～12对。幼叶颜色变化过程为水红色、橙黄色、金黄色，幼叶叶柄紫红色。

永福紫绚

（桂花）

联系人：陈日才

联系方式：15280366688　国家：中国

申请日：2016年8月12日

申请号：20160213

品种权号：20170104

授权日：2017年10月17日

授权公告号：国家林业局公告
（2017年第17号）

授权公告日：2017年10月27日

品种权人：福建新发现农业发展
有限公司

培育人：陈日才、陈朝暖、陈小
芳、陈菁菁、臧德奎

品种特征特性：'永福紫绚'为小乔木。幼枝紫红色，后变为灰绿色。叶卵状椭圆形，长5～10cm，宽3～5cm，叶基部楔形，先端渐尖，边缘密生尖锐锯齿；侧脉6～8对。幼叶叶柄紫红色，后渐变浅。幼叶至成年叶片颜色变化过程为紫红色、浅紫红色、乳白色、黄色，叶脉在叶片乳白色时期仍保持紫色。

玉牡丹

（杜鹃花属）

联系人：刘晓青
联系方式：13645194178　国家：中国

申请日： 2016年8月15日
申请号： 20160214
品种权号： 20170105
授权日： 2017年10月17日
授权公告号： 国家林业局公告
（2017年第17号）
授权公告日： 2017年10月27日
品种权人： 江苏省农业科学院
培育人： 刘晓青、肖政、贾新平、孙晓波、何丽斯、陈尚平、苏家乐、邓衍明

品种特征特性： '玉牡丹'株型美观，枝条开张度中等，一年生枝条浅绿色，2年生枝条褐色。叶常二型（春生叶大，夏生叶小），幼叶淡绿色，老叶深绿色，茸毛或糙伏毛较多；叶片形态为匙形，宽 2.2～2.6cm，长 4.1～4.6cm；叶脉清晰凹陷明显。花 2～3 朵聚生于枝顶，花色为娇嫩欲滴的红紫色（RED-PURPLE GROUP-N62D），萼片白绿色 5 裂，花冠类型为重瓣；雄蕊完全瓣化为花瓣且表现稳定；雌蕊 1 枚，花柱白色，柱头黄绿色，单花形态为漏斗形，5 裂，中间上部裂片有少量深色斑块，花径 7.5～8.5cm。

　　'玉牡丹'长势强健，花色娇嫩，适宜在长江中下游地区盆栽。

霞绣

（杜鹃花属）

联系人：刘晓青

联系方式：13645194178　国家：中国

申请日：2016年8月15日
申请号：20160215
品种权号：20170106
授权日：2017年10月17日
授权公告号：国家林业局公告
（2017年第17号）
授权公告日：2017年10月27日
品种权人：江苏省农业科学院
培育人：李畅、刘晓青、邓衍
明、何丽斯、梁丽建、肖政、陈
尚平、苏家乐

品种特征特性：'霞绣'株型美观，枝条开张度中等，1年生枝条浅绿色，2年生枝条褐色。叶常二型（春生叶大，夏生叶小），幼叶淡绿色，老叶深绿色，茸毛或糙伏毛较少，叶片有光泽感，叶尖凸尖，老叶倒卵形，宽1.5～2.0cm，长3.0～4.0cm。花2～3朵聚生于枝顶，花色为明亮雅致的红紫色（RED PURPLE GROUP-N66D），萼片绿色5裂，花冠类型为单瓣；雄蕊5～7枚，不等长，且短于雌蕊；雌蕊1枚，花柱白色，柱头黄绿色，花药白色；单花形态为漏斗形，5裂，中间上部裂片有深色斑点，花径4.0～5.0cm；叶片基部宽楔形，叶柄0.7～0.9cm。

　　'霞绣'长势较强健，抗逆性较好，适宜在长江中下游，特别是江浙沪等地或气候相似区域做盆栽或园林绿化应用。

淑媛

（苹果属）

联系人：胡丁猛

联系方式：13606372095　国家：中国

申请日：2016年8月22日
申请号：20160216
品种权号：20170107
授权日：2017年10月17日
授权公告号：国家林业局公告
（2017年第17号）
授权公告日：2017年10月27日
品种权人：山东省林业科学研究院、昌邑海棠苗木专业合作社、昌邑市林业局
培育人：胡丁猛、许景伟、王立辉、李传荣、朱升祥、闰兴建、明建芹、姚兴海、任飞、韩丛聪

品种特征特性：'淑媛'为小乔木，生长势中等，树形直立，枝条棕色。伞状花序，重瓣花，浅杯型，花瓣压平后直径中，花苞深粉色，花瓣窄椭圆形，排列方式重叠，脉突出，正面边缘红色（51D），正面中心白色（N155B），正面基部白色（N155B）。叶片红绿色，短窄，长宽比中。叶柄短，无裂片。叶缘圆锯齿状。叶面有弱光泽，中等绿色，有微弱的花青素着色，叶片脱落前主色为橘黄色。着果量多，果实小，扁矩形，有时有果萼，果梗长，果实橘黄色，光泽度弱，果皮微弱着粉，果肉粉色，挂果期长，始花期晚。

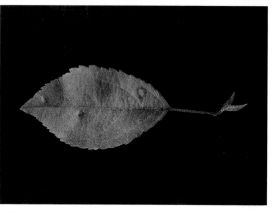

雪琴

（苹果属）

联系方式：13606372095　国家：中国

申请日：2016年8月22日

申请号：20160217

品种权号：20170108

授权日：2017年10月17日

授权公告号：国家林业局公告
（2017年第17号）

授权公告日：2017年10月27日

品种权人：昌邑海棠苗木专业合
作社、山东省林业科学研究院、
昌邑市林业局

培育人：囤兴建、胡丁猛、许景
伟、李传荣、王立辉、王圣仟、明
建芹、冯瑞廷、朱文成、舒秀阁

品种特征特性：'雪琴'为乔木，生长势中等，树形开张，枝条棕色。伞状花序，半重瓣花，浅杯型，花瓣压平后直径大，花苞浅粉色，花瓣椭圆形，排列方式重叠，脉突出，正面白色（NN155C），背面白色（NN155B）。叶片绿色，长度和宽度中等，长宽比中。叶柄短，无裂片。叶缘锯齿状。叶面有中等光泽，中等绿色，无花青素着色，叶片脱落前主色为黄色。着果量中，果实小，球形，无果萼，果梗中等长度，果实红色，光泽度弱，果皮微弱着粉，果肉白色，挂果期长，始花期晚。

华金6号

（忍冬属）

联系人：张永清
联系方式：13969053200　国家：中国

申请日：2016年8月26日
申请号：20160218
品种权号：20170109
授权日：2017年10月17日
授权公告号：国家林业局公告
（2017年第17号）
授权公告日：2017年10月27日
品种权人：山东中医药大学
培育人：张永清

品种特征特性：'华金6号'为多年生半常绿缠绕灌木。经辅助整形，植株可直立，主干明显。当年生新枝浅绿色，近无毛，老枝深绿色。单叶对生，叶片厚纸质，卵状披针形，长5.5~6.5cm，宽3.7~4.5cm。叶上表面黄绿色至深绿色；下表面白绿色，脉间被毛。苞片狭卵形。着花枝节间长3.5~4.5cm，花蕾较为密集，数量较多。花蕾呈棒状，长3.0~3.5cm，上粗下细，略弯曲，表面绿白色、白色或黄白色。充分发育花蕾干重2.5~3.0g/100个。花蕾后期下半部变为黄白色，开放后花变为黄白色或金黄色，无白色花，花冠唇形，上唇瓣斜展、中裂，花冠筒窄漏斗形，雄蕊短于花冠。果实数量较少，浆果，成熟后黑色。

植株枝条壮旺。花期较一般品种晚7~10天。花蕾发育一致性强，充分发育变白色后能维持12~15天不开放。木犀草甙含量高，大约是一般品种的3倍。适应性强，抗旱、抗寒、抗瘠薄、耐盐碱，适宜在温带平原、山地丘陵地区种植，忌涝洼地。

扦插3年生大田植株　　花蕾开放情况

植株花蕾生长情况　　花蕾生长情况

青銮

（金露梅）

联系人：郑健

联系方式：13810409711　国家：中国

申请日：2016年8月31日

申请号：20160224

品种权号：20170110

授权日：2017年10月17日

授权公告号：国家林业局公告
（2017年第17号）

授权公告日：2017年10月27日

品种权人：北京农学院

培育人：郑健、张彦广、冷平生、董素静、胡增辉、窦德泉、关雪莲

品种特征特性：'青銮'株形紧凑直立，奇数羽状复叶，小叶5～7片，常5片，长椭圆形，长2.5～4.5cm，宽0.8～1.6cm，叶尖缓尖，叶基部偏斜，叶缘全缘，外卷；总叶长4.8～10.9cm，叶宽5.5～9.5cm，叶柄长1.0～4.7cm；花单生或数朵呈聚伞花序状，花径2.5～3.3cm，花梗0.7～3cm，主萼片卵状三角形、黄绿色，副萼片三裂、背面浅绿至绿色，花瓣黄色，圆形，皱，长1.05～1.4cm，宽1.1～1.5cm；果实瘦果，种子具毛，花期4下旬至10月上旬，盛花期5～6月，果期9～10月。'青銮'与近似种相比，其主要不同点见下表。

性状	'青銮'	金露梅野生原种
主萼背面颜色	浅黄绿色	黄色
副萼形状	2～3裂，裂片披针形	全缘，披针形
副萼背面颜色	浅绿至绿色	黄绿色
花期	4月下旬至10月上旬	6～7月
花瓣	皱	平展

野生原种副萼　　　　　'青銮'副萼

野生原种花　　　　　'青銮'花

中柿4号

（柿）

联系人：刁松锋
联系方式：0371-65996829　国家：中国

申请日：2016年9月1日
申请号：20160225
品种权号：20170111
授权日：2017年10月17日
授权公告号：国家林业局公告
（2017年第17号）
授权公告日：2017年10月27日
品种权人：国家林业局泡桐研究
开发中心
培育人：傅建敏、孙鹏、刁松锋、
韩卫娟、李芳东、索玉静、赵罕、
刘攀峰、梁臣、雷小林、罗颖

品种特征特性：'中柿4号'为柿属（*Diospyros*）柿（*Diospyros kaki* Thunb.）的一个新品种，是国家林业局泡桐研究开发中心（中国林科院经济林研究开发中心）在调查资源时发现一株果实为完全甜柿，并表现为杂性同株的单株。综合其花和果的特征，发现与国内外现有品种差异较大，是比较特异的资源，遂采进行嫁接扩繁，形成无性系，进而培育出具有较高育种价值的柿新品种。

柿大部分资源只开雌花，雄性资源十分匮乏，且雄性资源中多为野生涩柿。'中柿4号'花性型为杂性同株，果实为完全甜柿，果顶为钝尖形、无十字沟，果肉橙黄色、褐斑较少，成熟期较早，可食性在8月下旬。'中柿4号'花性型、果实甜涩类型以及果形与近似品种区别明显，且在后代群体中具有一致性和遗传稳定性。

'中柿4号'是深根性、喜光树种，喜温暖气候和排水良好的土壤，适生于中性土壤，较能耐寒，但较能耐瘠薄，抗旱性强，不耐盐碱土，其适生区与柿相同。

楚林保魁

（核桃属）

联系人：徐永杰

联系方式：13476816574　国家：中国

申请日： 2016年9月18日

申请号： 20160244

品种权号： 20170112

授权日： 2017年10月17日

授权公告号： 国家林业局公告（2017年第17号）

授权公告日： 2017年10月27日

品种权人： 湖北省林业科学研究院、保康县核桃技术推广中心、中国林业科学研究院林业研究所

培育人： 徐永杰、王其竹、宋晓波、廖舒、王代全、李玲、常昌富、方立军、陈永高、蔡德军、李孝鑫、余正文、郭赟

品种特征特性： '楚林保魁'树势旺，干性强，树皮灰白色，树冠半圆形，树姿开张，分枝角度平缓。顶芽为混合芽，圆形；侧芽贴生，圆球形，密被白色茸毛。主、副芽离生不明显。奇数羽状复叶，小叶5～9片，多9片，顶叶卵圆形，长约20.9cm，宽约12cm，叶脉≥15对；侧叶椭圆形，先端渐尖，背面无毛。坚果垂直缝合线纵切面形状为长卵圆形，沿缝合线纵截面形状为长圆形，坚果基部扁圆形，顶部圆形，顶尖凸，三径分别为纵径44.42mm、横径36.88mm、侧径37.16mm，平均单果重19.27g，壳厚1.19mm，出仁率约50.4%，内种皮黄白色，香甜无涩味。

'楚林保魁'在保康县于3月下旬叶片开始萌动，4月上旬展叶，雌花期4月上中旬开放，雄花期4月中旬开放，雌先型。果序单果枝结果数1～4个，多为3个。果实8月中下旬成熟，9月下旬落叶。

'楚林保魁'适宜在大巴山区500～1200m区域种植。

叶片

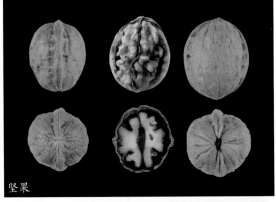

坚果

结果状

娇玉

（木兰属）

联系人：桑子阳

联系方式：13487222833　国家：中国

申请日：2016年9月20日

申请号：20160252

品种权号：20170113

授权日：2017年10月17日

授权公告号：国家林业局公告（2017年第17号）

授权公告日：2017年10月27日

品种权人：北京林业大学、三峡大学、五峰博翎红花玉兰科技发展有限公司

培育人：马履一、段劼、桑子阳、陈发菊、贾忠奎、朱仲龙、张德春、王罗荣、杨杨、邓世鑫

品种特征特性：'娇玉'是从野生红花玉兰花部变异类型中选择花被片数目、花色、花形等性状特别的优良单株，采取其接穗进行嫁接繁育，将其优良的观赏性状固定下来培育而获得的。为高大落叶乔木，树皮浅灰色，成熟叶片长13.2～16.9cm，纸质，上表面绿色，下表面密被白色毛被，椭圆形，先端圆宽，基部楔形，全缘；叶柄长2.1～3.0cm，具托叶痕，托叶痕与叶柄长度的比例小于1/3；叶脉7～8对；花芳香，单生枝顶，着生方向斜上；花蕾卵球形，花被片14～18个，均为花瓣状，外轮花被片盛开初期斜上，肉质，长7.5～9cm，倒卵形，外表面颜色粉色（RHS<RED-PURPLE GROUP 73C>）、内表面颜色白色；聚合蓇葖果，圆柱形；种子黄褐色，宽卵形。

　　该品种喜光，稍耐阴，忌低湿，栽植地渍水易烂根，喜肥沃、排水良好的酸性至中性土壤，在华中、华南和西南暖温带、亚热带、热带地区适宜推广种植。

娇莲

（木兰属）

联系人：桑子阳
联系方式：13487222833　国家：中国

申请日：2016年9月20日

申请号：20160253

品种权号：20170114

授权日：2017年10月17日

授权公告号：国家林业局公告
（2017年第17号）

授权公告日：2017年10月27日

品种权人：北京林业大学、三峡
大学、五峰博翎红花玉兰科技发
展有限公司

培育人：马履一、贾忠奎、桑子
阳、陈发菊、朱仲龙、张德春、
段劼、王罗荣、杨杨、汪力

品种特征特性： '娇莲'是从野生红花玉兰花部变异类型中选择花被片数目、花色、花形等性状特别的优良单株，采取其接穗进行嫁接繁育，将其优良的观赏性状固定下来培育而获得的。'娇莲'为高大落叶乔木，树皮浅灰色，成熟叶片长11.3～15.6cm，纸质，上表面绿色，下表面密被白色毛被，椭圆形，先端圆宽，基部阔楔形，全缘；叶柄长3.5～4.8cm，具托叶痕，托叶痕与叶柄长度的比例小于1/3；叶脉6～7对；花芳香，单生枝顶，着生方向斜上；花蕾卵球形，花被片18～20（24）个，均为花瓣状，外轮花被片盛开初期斜上，肉质，长7～9cm，倒卵状长圆形，外表面颜色紫红色（RHS<RED-PURPLE GROUP 64D>）、内表面颜色淡紫红色（RHS<PURPLE GROUP 75C>），宽度中（4～5cm）；聚合蓇葖果，圆柱形；种子黄褐色，宽卵形。

该品种喜光，稍耐阴，忌低湿，栽植地渍水易烂根，喜肥沃、排水良好的酸性至中性土壤，在华中、华南和西南暖温带、亚热带、热带地区适宜推广种植。

娇丹
（木兰属）

联系人：桑子阳
联系方式：13487222833 国家：中国

申请日： 2016年9月20日
申请号： 20160254
品种权号： 20170115
授权日： 2017年10月17日
授权公告号： 国家林业局公告
（2017年第17号）
授权公告日： 2017年10月27日
品种权人： 五峰博翎红花玉兰科技发展有限公司、北京林业大学、三峡大学
培育人： 马履一、桑子阳、陈发菊、贾忠奎、朱仲龙、张德春、段劼、王罗荣、杨杨、肖爱华

品种特征特性： '娇丹'是从野生红花玉兰花部变异类型中选择花被片数目、花色、花形等性状特别的优良单株，采取其接穗进行嫁接繁育，将其优良的观赏性状固定下来培育而获得的。'娇丹'为高大落叶乔木，树皮浅灰色，成熟叶片长14.0～17.9cm，纸质，上表面绿色，下表面密被白色毛被，倒卵形，先端钝，基部楔形；叶柄长3.3～3.9cm，具托叶痕，托叶痕与叶柄长度的比例小于1/3；叶脉6～7对；花芳香，单生枝顶，着生方向斜上；花蕾卵球形，花被片24～36个，均为花瓣状，外轮花被片盛开初期斜上，质地肉质，长7～9cm，倒卵形，外表面颜色红色（RHS< RED-PURPLE GROUP 68B >）、内表面颜色淡红色（RHS< PURPLE GROUP 68C >）；聚合蓇葖果，圆柱形；种子黄褐色，宽卵形。

该品种喜光，稍耐阴，忌低湿，栽植地渍水易烂根，喜肥沃、排水良好的酸性至中性土壤，在华中、华南和西南暖温带、亚热带、热带地区适宜推广种植。

初恋

（锦带花属）

联系人：马立华

联系方式：13904600475　国家：中国

申请日：2016年9月21日

申请号：20160258

品种权号：20170116

授权日：2017年10月17日

授权公告号：国家林业局公告
（2017年第17号）

授权公告日：2017年10月27日

品种权人：黑龙江省森林植物园

培育人：马立华、庄倩、周勇、
时雅君、雷桂杰、赵丽

品种特征特性：'初恋'为锦带花属落叶花灌木，幼叶黄绿色，成熟叶片深绿色，秋季叶色渐变红褐，似晚霞；花形钟状，单色，粉红（RHS 73A），1至数朵排成腋生聚伞花序，花期很早且长，有二次开花现象；花萼深裂，紫红色；该品种抗性强，株形饱满，花色纯净，宛若初恋少女般，亭亭玉立。

传奇

（锦带花属）

联系人：马立华

联系方式：13904600475　国家：中国

申请日：2016年9月21日

申请号：20160259

品种权号：20170117

授权日：2017年10月17日

授权公告号：国家林业局公告
（2017年第17号）

授权公告日：2017年10月27日

品种权人：黑龙江省森林植物园

培育人：马立华、庄倩、周勇、
时雅君、雷桂杰、赵丽

品种特征特性：'传奇'为锦带花属落叶花灌木，直立或半直立。叶片绿色，卵圆形；花形钟状，单色，粉（RHS 74D）；花萼中裂，绿具红色；该品种株形美观，抗性强，花大而色彩靓丽，堪称花中之奇。

蝶舞

（锦带花属）

联系人：马立华
联系方式：13904600475 国家：中国

申请日：2016年9月21日
申请号：20160260
品种权号：20170118
授权日：2017年10月17日
授权公告号：国家林业局公告
（2017年第17号）
授权公告日：2017年10月27日
品种权人：黑龙江省森林植物园
培育人：庄倩、马立华、周勇、
时雅君、王颖、赵丽、雷桂杰

品种特征特性：'蝶舞'为锦带花属落叶花灌木，半直立；叶片呈黄色或黄绿色；花形钟状，半开张，单色，粉红（RHS 71C），1至数朵排成腋生聚伞花序；花萼浅裂，紫红色；该品种花期早且长，花色鲜艳独特，盛花时花朵缀满枝头，似群蝶飞舞。

极致

（锦带花属）

联系人：马立华

联系方式：13904600475　国家：中国

申请日：2016年9月21日

申请号：20160262

品种权号：20170119

授权日：2017年10月17日

授权公告号：国家林业局公告
（2017年第17号）

授权公告日：2017年10月27日

品种权人：黑龙江省森林植物园

培育人：庄倩、马立华、周勇、
时雅君、王颖、赵丽、雷桂杰

品种特征特性：'极致'为锦带花属落叶花灌木，枝条半直立或平展下垂。叶片黄绿色，卵圆形或倒卵圆形；花，单色，紫红（RHS 64A），1至数朵组成聚伞花序，紫红色花瓣呈开张姿态；花期早且长，有二次开花现象；花萼浅裂，紫红色。该品种株形独特，自然成型，似伞状；花开飘逸似锦带，美到极致。

心动

（锦带花属）

联系人：马立华
联系方式：13904600475 国家：中国

申请日： 2016年9月21日
申请号： 20160266
品种权号： 20170120
授权日： 2017年10月17日
授权公告号： 国家林业局公告
（2017年第17号）
授权公告日： 2017年10月27日
品种权人： 黑龙江省森林植物园
培育人： 庄倩、马立华、周勇、
时雅君、赵丽、雷桂杰

品种特征特性： '心动'为锦带花属落叶花灌木，枝条半直立，生长势强。叶片深绿色，椭圆形；花单色，红色（RHS 58A），钟状，花瓣半开张；花萼深裂，绿具红色。该品种株形高大，花期早，盛花时，花色娇艳似火，媚而不俗，花形含羞待放，惹人怜爱，使人怦然心动。

绚彩

（锦带花属）

联系人：马立华
联系方式：13904600475　国家：中国

申请日：2016年9月21日
申请号：20160267
品种权号：20170121
授权日：2017年10月17日
授权公告号：国家林业局公告
（2017年第17号）
授权公告日：2017年10月27日
品种权人：黑龙江省森林植物园
培育人：马立华、庄倩、周勇、
时雅君、雷桂杰、赵丽

品种特征特性：'绚彩'为锦带花属落叶花灌木，植株直立，长势强。叶片黄绿色，卵圆形和倒卵圆形；花单色，浅粉（RHS 74C，RHS 75D），钟状，花瓣呈开张姿态；花萼中裂，白具红边。

　　该品种株形高大，盛花时，黄绿色叶片，映衬深浅不一的粉色花朵，绚彩夺目，摇曳多姿。

紫惑

（锦带花属）

联系人：马立华
联系方式：13904600475　国家：中国

申请日：2016年9月21日
申请号：20160268
品种权号：20170122
授权日：2017年10月17日
授权公告号：国家林业局公告
（2017年第17号）
授权公告日：2017年10月27日
品种权人：黑龙江省森林植物园
培育人：庄倩、马立华、周勇、
时雅君、王颖、赵丽、雷桂杰

品种特征特性：'紫惑'为锦带花属落叶花灌木，植株半直立或平展。叶片黄绿色，椭圆形；花单色，紫红（RHS 71B），花大，钟状，花瓣呈现开张姿态；花萼中裂，绿具红色。

　　该品种生长势强，高大，黄绿色叶片与紫红色花朵在阳光的映衬下，妩媚动人，摇曳生姿，让人流连忘返。

紫媚

（锦带花属）

联系人：马立华
联系方式：13904600475　国家：中国

申请日：2016年9月21日

申请号：20160269

品种权号：20170123

授权日：2017年10月17日

授权公告号：国家林业局公告（2017年第17号）

授权公告日：2017年10月27日

品种权人：黑龙江省森林植物园

培育人：庄倩、马立华、周勇、时雅君、王颖、赵丽、雷桂杰

品种特征特性：'紫媚'为锦带花属落叶花灌木，植株半直立，长势强。叶片黄或黄绿色，卵圆形和倒圆形；花单色，粉红（RHS 74C），钟状，花瓣呈开张姿态；花萼深裂，绿具红色。

该品种生长势强，枝条微垂，自然成型，黄或黄绿色叶片与粉红色花朵相得益彰，妖艳妩媚。

红粉佳人

（李属）

联系人：伊贤贵

联系方式：13770589350　**国家：**中国

申请日：2016年10月11日

申请号：20160275

品种权号：20170124

授权日：2017年10月17日

授权公告号：国家林业局公告
（2017年第17号）

授权公告日：2017年10月27日

品种权人：南京林业大学、王珉

培育人：王珉、伊贤贵、王华辰、段一凡、陈林、王贤荣

品种特征特性：'红粉佳人'是福建山樱花种系下的杂交新品种。落叶小乔木，树高约3m，树冠伞形；树皮呈紫棕色，有口唇状及横列纹皮孔；单叶互生，叶片长椭圆状，叶先端渐尖，基部近圆形，长8～13cm，宽4～6cm，幼叶黄绿色，叶缘有重锯齿；叶柄顶端或叶基部有腺体；伞形花序，总梗短或无，长0～2mm；有花3～4朵，花径3～4.5cm；花重瓣或半重瓣，花瓣15～25枚，呈卵形，先端二裂；萼筒钟状，粉红色，长6～8mm，宽3～5mm，萼片宽椭圆形，全缘，深粉红色或青褐色，长4～6mm，宽3～4.5mm；花蕾期呈深粉红色，盛开时渐淡呈粉红色至淡粉红色。花期在1月下旬。

'红粉佳人'与相近品种'灿霞'、近似种福建山樱花在花色上有显著差异，具有花型大、花色粉红、重瓣性强的特点。具体不同点见下表。

品种	花径（cm）	花：重瓣性	花色
'红粉佳人'	3～4.5	重瓣，花瓣15～25枚	初开时深粉红色，后渐变淡粉红
福建山樱花	1.5～2	单瓣，花瓣5枚	深红色至紫红色
'灿霞'	3～4.5	重瓣，14～24枚	深红色

黄金蜜

（杏）

联系人：王金政

联系方式：0538-8298263　国家：中国

申请日：2016年10月11日

申请号：20160277

品种权号：20170125

授权日：2017年10月17日

授权公告号：国家林业局公告
（2017年第17号）

授权公告日：2017年10月27日

品种权人：山东省果树研究所

培育人：薛晓敏、王金政、张安宁、韩雪平、王金华、陈汝

品种特征特性：‘黄金蜜’树势健壮，树姿半开张；主干灰白色，多年生枝深黄褐色，新梢阳面红色，阴面绿色，有光泽；叶片卵圆形，叶色浓绿；叶基窄楔形，叶缘圆钝；叶柄绿色，蜜腺圆形，紫黑色；叶芽三角形至尖圆形，花芽圆锥形；花单瓣、中大、白色，花萼紫红色。正常年份，‘黄金蜜’在诸城3月中旬花芽萌动，4月初进入盛花期，花期持续一周左右，6月下旬果实成熟，果实生育期80天左右，成熟期比‘凯特’晚1周左右，在生产上属于晚熟杏。11月下旬落叶，年营养生长期220天。

果实长圆形，平均单果重69.6g，果顶尖，突出明显，梗洼中广，缝合线明显，两半部不对称；果皮底色绿，成熟时金黄色，向阳处有红晕，茸毛短，果面光滑；果肉橙黄色，肉质细腻，汁液丰富，可溶性固形物含量14.4%，酸甜适中，风味浓郁，有香气，鲜食品质佳；果核中大，果仁甜。

整株结果状

单枝结果状

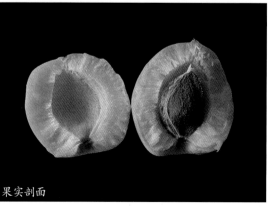

果实剖面

龙金蜜

（杏）

联系人：王金政
联系方式：0538-8298263　国家：中国

申请日：2016年10月11日
申请号：20160278
品种权号：20170126
授权日：2017年10月17日
授权公告号：国家林业局公告
（2017年第17号）
授权公告日：2017年10月27日
品种权人：山东省果树研究所
培育人：王金政、薛晓敏、韩雪平、陈汝、陈永贵

品种特征特性：'龙金蜜'树势强健，树姿半开张；主干灰白色、粗糙、皮孔明显；多年生枝深黄褐色，新梢绿色，嫩梢红色，有光泽；叶片卵圆形，主脉明显，长9.29cm，宽7.16cm，叶色浓绿，叶尖短凸尖，叶基楔形，叶缘钝锯齿；叶柄红色，长3.52cm，着生圆形蜜腺1~2个；叶芽三角至尖圆形，花芽圆锥形；花单瓣、中大、白色，花萼紫红色。正常年份，在诸城3月中下旬花芽萌动，4月上中旬进入盛花期；6月下旬果实成熟，果实生育期80天左右，成熟期比'凯特'晚5~7天，在生产上属于晚熟杏；年营养生长期220天。

果实卵圆形，果形端正；果个大，平均单果重77.1g，最大97.9g；果顶平、微凹，梗洼中深、狭小，缝合线深、明显，两半部不对称；果面光滑，茸毛短少；底色绿黄，完全成熟时黄色，向阳面有红晕；果肉橘黄色，汁液丰富，香气浓郁，品质上等，可溶性固形物含量14.2%，最高15.9%；离核，核中大。

整株结果状

果实剖面

单果性状

香穗

（山茶属）

联系人：倪穗

联系方式：13957881906 国家：中国

申请日： 2016年10月12日

申请号： 20160281

品种权号： 20170127

授权日： 2017年10月17日

授权公告号： 国家林业局公告（2017年第17号）

授权公告日： 2017年10月27日

品种权人： 宁波大学、宁波植物园筹建办公室

培育人： 倪穗、王大庄、游鸣飞、郑小青、陈越、谢雄飞、张文

品种特征特性： '香穗'是我国的山茶物种湖南山茶（*Camellia hunanica*）和新西兰的茶花（*C. japonica*）品种'Superscent'的杂交 F1。常绿灌木；株型半开张，枝条下弯，自然成型（无需修剪）；叶革质，椭圆形，深绿色；中型花，单瓣型，花瓣 6 枚，花瓣前部淡粉泛浅紫色调，后渐变为粉白，花朵极为雅致；花瓣基部与雄蕊合生，雄蕊多数，外轮花丝下部 1/3～1/2 合生成肉质筒状；花清香宜人，是茶花中难得的香型品种。花朵稠密，花期长（12 月至翌年 3 月）；花繁枝茂，嫁接成活率高。

适应性强，喜温暖湿润气候，耐阴，酸性土。春天与雨季可全光照，夏季进行适当的遮阴。长江以南地区均可露地栽培，北方可以室内盆栽，是优良的年宵花卉品种。

幻彩

（石楠属）

联系人：焦猛

联系方式：0574-86996767　国家：中国

申请日：2016年10月17日

申请号：20160289

品种权号：20170128

授权日：2017年10月17日

授权公告号：国家林业局公告
（2017年第17号）

授权公告日：2017年10月27日

品种权人：李玉祥

培育人：李玉祥、章建红、焦艳
丽、焦猛、李玉峰

品种特征特性：'幻彩'（*Photinia serrulata* 'Fantasy Color'）是石楠自然实生变异的新品种，春季新芽鲜粉红色，叶片褶皱，中间叶脉附近有不规则深红色斑块，叶片成熟后叶脉边缘斑块变为绿色，周围叶色粉色或白色，至夏季叶子边缘全变为白色。这些特征均与石楠有明显差异。景观效果远胜于石楠。

'幻彩'叶色艳丽，四季花叶，既可以做盆花观赏又可应用于园林绿化，具有较高的园林观赏价值与应用潜力。

凡适宜石楠栽培的区域，均适宜本品种栽培，主要适宜栽培区为北京以南地区，包括江苏、安徽、江西、福建、台湾、湖北、湖南、浙江、上海、广东、广西、四川、贵州、云南、河南、陕西、甘肃等地。喜温暖湿润气候和肥沃、深厚的酸性土壤或中性土壤。

3月份新梢　　4月底对比图片　　5月底对比图片　　8月底对比图片

金凤凰

（石楠属）

联系人：焦猛

联系方式：0574-86996767　国家：中国

申请日： 2016年10月17日

申请号： 20160290

品种权号： 20170129

授权日： 2017年10月17日

授权公告号： 国家林业局公告
（2017年第17号）

授权公告日： 2017年10月27日

品种权人： 李玉祥

培育人： 李玉祥、章建红、焦艳丽、焦猛、李玉峰

品种特征特性： '金凤凰'（*Photinia* × *fraseri* 'Golden Phoenix'）为石楠属（*Photinia*）红叶石楠'红罗宾'（*Photinia* × *fraseri* 'Red Robin'）的芽变新品种。

'金凤凰'新芽萌动期为2月底至3月初，新芽呈鲜红色；展叶期为3月15日至30日，初生新叶呈鲜红色，叶片完全成熟后，呈金黄色，夏季初生新叶叶色鲜红色，成熟后转金黄色斑块状，秋季后叶转黄色斑块状（'红罗宾'新叶红色或紫红色，成熟老叶变绿色）；雌雄同株，初生新枝为鲜红色，半木质化后为浅红色，老枝表皮木栓化呈灰褐色。生长速度快，年高生长量在0.8~1m。通过扦插、嫁接繁殖。适宜作绿化色块苗、绿篱、园林景观树、庭院树、行道树、四旁树种。北京以南地区均可以种植。

3月份新叶照片　　4月份对比

8月份对比　　9月份对比

金镶玉

联系人：寇新良
联系方式：13939690881　国家：中国

申请日：2016年11月20日
申请号：20160332
品种权号：20170130
授权日：2017年10月17日
授权公告号：国家林业局公告
（2017年第17号）
授权公告日：2017年10月27日
品种权人：河南名品彩叶苗木股份有限公司
培育人：王华明、饶放、袁向阳、王华昭、石海燕、贾涛、万秀娟、马世友、杨谦、张根梅、李春枝、王敏、朱亚菲、陈光、任甸甸、曹倩

品种特征特性：‘金镶玉’为豆科刺槐属植物，阔叶落叶乔木，干皮纵深开裂中，树皮黑褐色，枝条直，斜展，枝具托叶针刺，无毛，侧枝粗度中，奇数羽状复叶互生，春季叶片黄色，嵌不规则绿色斑块，夏季叶片黄绿色，嵌不规则绿色斑块，生长速度快。

130　　　　　　　　　　　　　　　　中国林业植物授权新品种（2017）

甘林黄

（芍药属）

联系人：何丽霞
联系方式：13659316803　国家：中国

申请日：2016年11月23日
申请号：20160343
品种权号：20170131
授权日：2017年10月17日
授权公告号：国家林业局公告
（2017年第17号）
授权公告日：2017年10月27日
品种权人：甘肃省林业科学技术
推广总站
培育人：张延东、何丽霞、沈延
民、宋桂英、成娟、张莉、杨国州

品种特征特性：'甘林黄'为单瓣类品种，采用远缘杂交育种的方法培育。母本为紫牡丹，父本为紫斑牡丹。2004年4月进行杂交并得到种子，2004年9月播种，2006年移栽到试验地，2010年首次开花。

'甘林黄'株形直立，植株中高，花在株丛外，混合芽长卵形，黄褐色，嫩梢紫红色，一年生枝中，二年生枝花枝数多于2，侧花1或2。三回三出复叶，叶柄短，叶短窄，叶色中绿，叶片上表面无紫晕，小叶数量中到多，下表面无毛，侧小叶长卵形，不裂。花蕾长卵形，花近平伸，单瓣型，花朵中，花色黄色（1B），外轮花瓣扁圆形至倒卵形，边缘锯齿浅，花瓣内侧有卵形红色小斑，内侧斑块无白色中肋，花丝紫色，雌蕊数量中，柱头浅黄色，心皮被毛稀疏，花盘半肉质，浅黄色，部分包被。花香淡，花期中到晚，1年开花仅1次。

近似品种为'金袍赤胆'，叶上表面紫晕明显，叶柄中长，叶中长，叶宽度中，柱头和花盘粉色，而'甘林黄'叶上表面无紫晕，叶柄短，叶短，叶窄，柱头和花盘浅黄色。

飞花似梦

（芍药属）

联系人：何丽霞

联系方式：13659316803　国家：中国

申请日：2016年11月23日

申请号：20160344

品种权号：20170132

授权日：2017年10月17日

授权公告号：国家林业局公告（2017年第17号）

授权公告日：2017年10月27日

品种权人：甘肃省林业科学技术推广总站

培育人：杨国州、何丽霞、李睿、何智宏、张延东、宋桂英、李楠

品种特征特性：'飞花似梦'为单瓣类品种，采用种间杂交培育。母本为四川牡丹，父本为紫斑牡丹。2001年5月进行杂交并得到种子，2001年9月播种，2003年移栽到试验地，2009年首次开花。

株形开展，植株中高，花在株丛外，混合芽卵形，混合芽黄褐色，嫩梢紫红色，一年生枝长，二年生枝花枝数多于2，无侧花。三回羽状复叶，叶柄短到中，叶短窄，叶色绿，叶片上表面紫晕极不明显，小叶数量多，下表面无毛，侧小叶卵形或菱形，浅裂。花蕾长卵形，花姿直上，单瓣型，花朵大，花色紫（72B），外轮花瓣倒卵形，边缘锯齿很浅，花瓣内侧有卵形紫色大斑，花丝浅黄，雌蕊数量中，柱头浅黄色，心皮被毛，花盘革质，浅黄色，部分包被，花香浓，花期中，1年开花仅1次。

近似品种为'似荷莲'，二回羽状叶，小叶数量中，花丝主色淡紫，柱头和花盘紫红色，而'飞花似梦'三回羽状复叶，小叶数量多，花丝主色浅黄，柱头和花盘浅黄色。

'飞花似梦'单花　　'飞花似梦'原株

'飞花似梦'嫁接苗　　'飞花似梦'群花

金城墨玉

（芍药属）

联系人：何丽霞

联系方式：13659316803　国家：中国

申请日： 2016年11月23日

申请号： 20160345

品种权号： 20170133

授权日： 2017年10月17日

授权公告号： 国家林业局公告（2017年第17号）

授权公告日： 2017年10月27日

品种权人： 甘肃省林业科学技术推广总站

培育人： 李睿、何丽霞、陈富慧、陈惠兰、宋桂英、陈富飞、沈延民

品种特征特性： ‘金城墨玉’为单瓣类品种，采用远缘杂交育种的方法培育。母本为狭叶牡丹，父本为紫斑牡丹品种‘黑旋风’。2001年5月进行杂交并得到种子，2001年9月播种，2003年移栽到试验地，2008年首次开花。

‘金城墨玉’株形直立，植株矮到中，花与株丛等高或近等高，混合芽卵形，黄褐色，嫩梢浅紫色，一年生枝较短，二年生枝花枝数多于2，侧花数量2。二回三出复叶，叶柄中到长，叶长，叶较宽，叶色浅绿，叶片上表面无紫晕，小叶数量多，下表面无毛，侧小叶阔卵形，中到深裂。花蕾卵形，花姿近平伸到下垂，单瓣型，花径中，花色深红（187A），外轮花瓣倒卵形，边缘锯齿浅，花瓣内侧有卵形黑色小斑，花丝紫色，雌蕊数量中，柱头红色，心皮被毛稀疏，花盘半肉质，紫红色，部分包被，花香淡，花期中到晚，1年开花仅1次。

近似品种为‘黑花魁’，叶片下表面毛多，花型为荷花型或菊花型，而‘金城墨玉’叶片下表面无毛，花型为单瓣型。

丹心

（芍药属）

联系人：何丽霞
联系方式：13659316803　国家：中国

申请日：2016年11月23日

申请号：20160346

品种权号：20170134

授权日：2017年10月17日

授权公告号：国家林业局公告
（2017年第17号）

授权公告日：2017年10月27日

品种权人：甘肃省林业科学技术
推广总站

培育人：李建强、何丽霞、张延东、杨国州、成娟、张莉、马春鲤

品种特征特性：'丹心'为单瓣类品种，采用远缘杂交育种的方法培育。母本为紫牡丹，父本为紫斑牡丹。2004年4月进行杂交并得到种子，2004年9月播种，2006年移栽到试验地，2010年首次开花。

'丹心'株形开展，植株矮到中，花与株丛等高或近等高，混合芽卵形，黄褐色，嫩梢紫红色，1年生枝矮到中，2年生枝花枝数多于2，侧花数量1或2。二回羽状复叶，叶色浅绿，叶片上表面无紫晕，小叶数量中，下表面无毛，侧小叶阔卵形，深裂。花蕾卵形，花姿近平伸，单瓣型，花径小到中，花色黄（1C），外轮花瓣倒卵形，花瓣边缘锯齿浅，花瓣内侧有倒卵形红色（59A）中斑，花丝淡红色，雌蕊数量中，柱头浅黄，心皮被毛稀疏，花盘半革质，浅黄，部分包被，花香淡，花期中到晚，1年中开花仅1次。

近似品种为'黄水晶'，花主色为黄（2C），花瓣内侧斑块紫褐色，花的位置在株丛外，而'丹心'花主色黄（1C），花瓣内侧斑块为红色（59A），花的位置与株丛等高或近等高。

波心

（芍药属）

联系人：何丽霞
联系方式：13659316803　国家：中国

申请日：2016年11月23日
申请号：20160347
品种权号：20170135
授权日：2017年10月17日
授权公告号：国家林业局公告
（2017年第17号）
授权公告日：2017年10月27日
品种权人：甘肃省林业科学技术
推广总站
培育人：张延东、何丽霞、李建
强、成娟、沈延民、张莉、杨国州

品种特征特性：'波心'为重瓣类品种，采用远缘杂交育种的方法培育。母本为西北牡丹品种'白单'，父本为黄牡丹。2001年5月进行杂交并得到种子，2001年9月播种，2003年移栽到试验地，2008年首次开花。

株形半开展，植株中高，花在株丛外，混合芽卵形，绿色，嫩梢浅紫红色，1年生枝长度中，2年生枝花枝数多于2，无侧花。二回羽状复叶，叶色浅绿，叶片上表面紫晕无或极不明显，小叶数量中到多，下表面毛量中，侧小叶阔卵形，浅到中裂。花蕾圆形，花姿直上，千层台阁型，花径中到大，纵径矮，花主色粉（68B）。雄蕊部分非条形瓣化，瓣化瓣残留花药少，外轮花瓣倒卵形，边缘锯齿中，花瓣内侧有椭圆形紫黑色中斑，花丝紫色，雌蕊数量中，柱头紫红色，心皮被毛密，花盘革质，紫红色，不包被到部分包被。花香淡，花期早到中，1年开花仅1次。

近似品种为'群英'，花主色粉（73A），小叶片下表面无毛，而'波心'花主色粉（68B），小叶片下表面有毛。

丛林奇观

（芍药属）

联系人：何丽霞

联系方式：13659316803　国家：中国

申请日：2016年11月23日

申请号：20160348

品种权号：20170136

授权日：2017年10月17日

授权公告号：国家林业局公告
（2017年第17号）

授权公告日：2017年10月27日

品种权人：甘肃省林业科学技术
推广总站

培育人：何丽霞、王花兰、李
睿、张莉、张延东、成娟、王丽

品种特征特性：'丛林奇观'为单瓣类品种，采用远缘杂交育种的
方法培育。母本为杨山牡丹，父本为紫牡丹。2003年5月进行杂
交并得到种子，2003年9月播种，2005年移栽到试验地，2009年
首次开花。

　　'丛林奇观'株形直立，植株高，花在株丛外。混合芽卵形，
黄褐色，嫩梢紫红色，1年生枝长，2年生枝花枝数多于2，侧花
数量1或2。二回羽状复叶，叶柄中到长，叶长，较宽，叶色中绿，
叶片上表面紫晕明显，小叶数量中，下表面无毛，侧小叶长卵形，
不裂到浅裂。花蕾长卵形，花萼紫红，花姿近平伸到下垂，单瓣型，
花径小到中，花色紫红（48A），外轮花瓣倒卵形，边缘锯齿无或
很浅，花瓣内侧有近菱形红褐色小斑，内侧斑块白色中肋明显，花
丝淡紫色，雄蕊转化为雌蕊，雌蕊数量中，柱头紫红色，心皮被毛
稀疏，花盘半肉质，紫红，全包。花香中，花期中，1年开花仅1次。

　　近似品种为'梦幻'，花主色为紫（53C），雄蕊没有转化为雌蕊，
花萼绿色，而'丛林奇观'花色紫红（48A），雄蕊有转化为雌蕊，
花萼紫红色。

紫云雀

（芍药属）

联系人：何丽霞

联系方式：13659316803　国家：中国

申请日：2016年11月23日

申请号：20160349

品种权号：20170137

授权日：2017年10月17日

授权公告号：国家林业局公告

（2017年第17号）

授权公告日：2017年10月27日

品种权人：甘肃省林业科学技术
推广总站

培育人：杨全生、何丽霞、何智宏、成娟、赵生春、张延东、马春鲤

品种特征特性：'紫云雀'为单瓣类品种，采用远缘杂交育种的方法培育。母本为紫牡丹，父本为紫斑牡丹。2001年5月进行杂交并得到种子，2001年9月播种，2003年移栽到试验地，2010年首次开花。

'紫云雀'株形半开展，植株中到高，花在株丛外。混合芽卵形，黄褐色，嫩梢紫红色，1年生枝中长，2年生枝花枝数多于2，侧花数量1或2。二回羽状复叶，叶长，较宽，叶色中绿，叶片上表面紫晕明显，小叶数量中，下表面无毛，侧小叶卵圆形，深裂。花蕾卵形，花姿近平伸，单瓣型，花径中，花色紫红（61A），外轮花瓣倒卵形，边缘锯齿无或很浅，花瓣内侧有近圆形紫黑色小斑，内侧斑块白色中肋无或极不明显，花丝深紫色，雌蕊数量中，柱头紫红色，心皮被毛稀疏，花盘半肉质，浅黄色，部分包被，花香淡，花期中，1年开花仅1次。

近似品种为'铁观音'，花深紫红色（58A），花瓣内侧斑块紫黑色，花盘红色，而'紫云雀'花色紫红（61A），花瓣内侧斑块黑色，花盘浅黄（带明显紫红色晕）。

仙女

（芍药属）

联系人：何丽霞
联系方式：13659316803　国家：中国

申请日：2016年11月23日
申请号：20160350
品种权号：20170138
授权日：2017年10月17日
授权公告号：国家林业局公告
（2017年第17号）
授权公告日：2017年10月27日
品种权人：甘肃省林业科学技术
推广总站
培育人：李睿、何丽霞、成娟、
张延东、李建强、杨国州、曹诚

品种特征特性：'仙女'为单瓣类品种，采用远缘杂交育种的方法培育。母本为黄牡丹，父本为四川牡丹。2003年5月进行杂交并得到种子，2003年9月播种，2005年移栽到试验地，2010年首次开花。

株形半开展，植株矮，花在株丛外。混合芽卵形，黄褐色，嫩梢褐红色，1年生枝中长，2年生枝花枝数多于2，无侧花。二回羽状复叶，叶色浅绿，叶片上表面紫晕极不明显，小叶数量中，下表面无毛，侧小叶卵形，中裂。花蕾卵形，花姿近平伸，单瓣型，花径中，花瓣主色红（58A），花瓣次色黄（11B），花次色块状分布，外轮花瓣倒卵形，边缘锯齿浅，花瓣内侧有近圆形红褐色（187A）小斑，内侧斑块白色中肋无或极不明显，花丝淡紫色，雌蕊数量中，柱头粉红色，心皮被毛稀疏，花盘半肉质，浅黄色，部分包被，花香淡，花期中到晚，1年开花仅1次。

近似品种为'梦幻'，花主色为紫（53C），花次色条状分布，花瓣内侧无斑块，而'仙女'花主色为紫（58A），花次色块状分布，花瓣内侧有近圆形红褐色（187A）小斑。

云鄂粉

（芍药属）

联系人：何丽霞
联系方式：13659316803　国家：中国

申请日： 2016年11月23日

申请号： 20160351

品种权号： 20170139

授权日： 2017年10月17日

授权公告号： 国家林业局公告
（2017年第17号）

授权公告日： 2017年10月27日

品种权人： 甘肃省林业科学技术
推广总站

培育人： 杨全生、何丽霞、苏宏
斌、杨国州、张延东、李楠、李
建强

品种特征特性： '云鄂粉'为单瓣类品种，采用远缘杂交育种的方法培育。母本为紫牡丹，父本为紫斑牡丹品种卵叶牡丹。2001年5月进行杂交并得到种子，2001年9月播种，2003年移栽到试验地，2011年选优登记。

'云鄂粉'株形半开展，植株高，花在株丛外。混合芽卵形，黄褐色，嫩梢褐红色，1年生枝长，2年生枝花枝数多于2，侧花数量多于2。二回羽状复叶，叶色中绿，叶片上表面紫晕极不明显到明显，小叶数量中，下表面无毛，侧小叶卵形，深裂。花蕾卵形，花姿直上，单瓣型，花径中，花色粉蓝（71A），外轮花瓣倒卵形，边缘锯齿很浅到浅，花瓣内侧无斑，花丝粉色，雌蕊数量中，柱头浅黄色，心皮被毛稀疏，花盘半革质，浅黄色，不包到部分包被，花香淡，花期早到中，1年开花仅1次。

近似品种为'朱砂垒'，混合芽长卵形，紫红色，柱头及花盘为紫红色，而'云鄂粉'混合芽为卵形，黄褐色，柱头及花盘为浅黄色。

紫荷韵

（芍药属）

联系人：何丽霞
联系方式：13659316803　国家：中国

申请日：2016年11月23日
申请号：20160352
品种权号：20170140
授权日：2017年10月17日
授权公告号：国家林业局公告
（2017年第17号）
授权公告日：2017年10月27日
品种权人：甘肃省林业科学技术
推广总站
培育人：张延东、何丽霞、李睿、
王花兰、李楠、成娟、杨国州

品种特征特性：'紫荷韵'为单瓣类品种，采用远缘杂交育种的方法培育。母本为紫牡丹，父本为中原牡丹品种'珊瑚台'。2003年5月进行杂交并得到种子，2003年9月播种，2004年移栽到试验地，2009年首次开花。'紫荷韵'株形直立，植株中高，花与株丛等高或近等高。混合芽卵形，黄褐色，嫩梢紫红色，1年生枝中，2年生枝花枝数多于2，侧花数量1或2。二回羽状复叶，叶色中绿，叶片上表面紫晕无或极不明显，小叶数量中，下表面无毛或着毛极不明显，侧小叶卵形，深裂。花蕾卵形，花姿直上或近平伸，单瓣型，花径中，花瓣主色紫红（58A），外轮花瓣倒卵形，边缘锯齿浅，花瓣内侧有卵形紫黑（59A）中斑，花丝深紫色，雌蕊数量中，柱头紫红色，心皮被毛稀疏，花盘革质，紫红色，部分包被，花香淡，花期早，1年开花仅1次。

近似品种为'铁观音'，植株高大，花瓣内侧斑块颜色黑，花直径小，叶色（不包括上表面紫晕）深绿，而'紫荷韵'植株中高，花瓣内侧斑块颜色紫黑（59A），花直径中，叶色（不包括上表面紫晕）中绿。

洮绢

（芍药属）

联系人：何丽霞
联系方式：13659316803　国家：中国

申请日：2016年11月23日
申请号：20160353
品种权号：20170141
授权日：2017年10月17日
授权公告号：国家林业局公告
（2017年第17号）
授权公告日：2017年10月27日
品种权人：甘肃省林业科学技术
推广总站
培育人：李楠、何丽霞、张莉、
成娟、李睿、王花兰、宋桂英

品种特征特性：'洮绢'为单瓣类品种，采用远缘杂交育种的方法培育。母本为黄牡丹，父本为紫斑牡丹'临洮居群'。2004年4月进行杂交并得到种子，2004年9月播种，2006年移栽到试验地，2009年首次开花。'洮绢'株形开展，植株中到高，花在株丛外。嫩梢紫红色，1年生枝中到长，2年生枝花枝数多于2，侧花数量1或2。二回羽状复叶，叶柄中到长，叶长，叶较宽，叶色浅绿，叶片上表面无紫晕，小叶数量中到多，下表面无毛，侧小叶卵形，中裂到深裂。花蕾卵形，花姿直上倒近平伸，单瓣型，花径中，花色乳白（154D），外轮花瓣倒卵形，边缘锯齿很浅，花瓣内侧有卵形紫色大斑，花丝淡紫色，雌蕊数量少到中，柱头浅黄色，心皮被毛稀疏，花盘半革质，浅黄色，部分包被，花香淡，花期中到晚，1年中开花仅1次。近似品种1为'荷塘月色'，花主色白（157D），花瓣瓣端有粉晕，柱头红色，花盘粉红色，而'洮绢'花主色乳白（154D），花瓣瓣端无粉晕，柱头及花盘为浅黄色；近似品种2为'洮玉'，花主色淡黄（11C），花瓣内侧斑块中大，叶柄长度短，而'洮绢'花主色乳白（154D），花瓣内侧斑块大，叶柄长度中到长。

洮玉

（芍药属）

联系人：何丽霞
联系方式：13659316803　国家：中国

申请日：2016年11月23日

申请号：20160354

品种权号：20170142

授权日：2017年10月17日

授权公告号：国家林业局公告（2017年第17号）

授权公告日：2017年10月27日

品种权人：甘肃省林业科学技术推广总站

培育人：成娟、何丽霞、李睿、张延东、王丽、张莉、杨国州

品种特征特性：'洮玉'为单瓣类品种，采用远缘杂交育种的方法培育。母本为黄牡丹，父本为紫斑牡丹'临洮居群'。2004年4月进行杂交并得到种子，2004年9月播种，2006年移栽到试验地，2011年首次开花。

'洮玉'株形半开展，植株高，花在株丛外。混合芽卵形，黄褐色，嫩梢紫红色，1年生枝中到长，2年生枝花枝数多于2，侧花数量1或2。二回羽状复叶，叶色中绿，叶片上表面无紫晕，小叶数量中到多，下表面无毛，侧小叶阔卵形，浅裂到中裂。花蕾卵形，花姿直上倒近平伸。单瓣型，花径中，花主色淡黄（11C），外轮花瓣倒卵形，边缘锯齿很浅到浅，花瓣内侧有卵形紫色（79B）中斑，内侧斑块无白色中肋，花丝淡紫色，雌蕊数量少，柱头淡黄色，心皮被毛稀疏，花盘半革质，浅黄色，部分包被，花香淡，花期中，1年开花仅1次。

近似品种为'荷塘月色'，花主色白（157D），柱头红色，花盘粉红色，植株矮小，而'洮玉'花主色淡黄（11C），柱头及花盘为浅黄色，植株高大。

天鹅绒

（芍药属）

联系人：何丽霞
联系方式：13659316803　国家：中国

申请日：2016年11月23日

申请号：20160355

品种权号：20170143

授权日：2017年10月17日

授权公告号：国家林业局公告
（2017年第17号）

授权公告日：2017年10月27日

品种权人：甘肃省林业科学技术
推广总站

培育人：宋桂英、何丽霞、李楠、
李睿、马春鲤、张延东、成娟

品种特征特性：'天鹅绒'为单瓣类，采用远缘杂交育种的方法培育。母本为紫牡丹，父本为紫斑牡丹'临洮居群'。2005年5月进行杂交并得到种子，2005年9月播种，2007年移栽到试验地，2010年首次开花。

'天鹅绒'株形半开展，植株中高，花在株丛外。混合芽卵形，紫红色，嫩梢紫红色，1年生枝中，2年生枝花枝数多于2，侧花数量1或2。二回羽状复叶，叶柄长度中，叶短窄，叶色中绿，叶片上表面紫晕非常明显，小叶数量中到多，下表面无毛，侧小叶卵形，中裂。花蕾卵形，花姿近平伸，单瓣型，花径中到大，花瓣主色紫（60A），外轮花瓣倒卵形，花瓣上表面光泽明显，边缘锯齿无或很浅，花瓣内侧有圆形黑色（203B）大斑，花丝深紫色，雌蕊数量中，柱头紫黑色，心皮被毛稀疏，花盘半肉质，深紫色，部分包被，花香淡，花期中晚，1年开花仅1次。

近似品种为'铁观音'，叶片（不包括上表面紫晕）深绿色，花主色紫（58A），花直径小，花瓣上表面光泽不明显，而'天鹅绒'叶片（不包括上表面紫晕）中绿色，花主色紫（60A），花直径中到大，花瓣上表面光泽明显。

疏影

（芍药属）

联系人：何丽霞

联系方式：13659316803　国家：中国

申请日：2016年11月23日

申请号：20160356

品种权号：20170144

授权日：2017年10月17日

授权公告号：国家林业局公告
（2017年第17号）

授权公告日：2017年10月27日

品种权人：甘肃省林业科学技术
推广总站

培育人：李茂哉、何丽霞、张
莉、王花兰、张延东、李楠、宋
桂英

品种特征特性：‘疏影’为单瓣类品种，采用远缘杂交育种的方法培育。母本为‘凤丹’，父本为紫牡丹。2003年5月进行杂交并得到种子，2003年9月播种，2005年移栽到试验地，2009年首次开花。

　　‘疏影’株形直立，植株高大，花在株丛外。混合芽卵形，黄褐色，嫩梢浅紫红色，1年生枝中，2年生枝花枝数多于2，侧花数量1或2。二回三出复叶，叶长窄，叶色浅绿，叶片上表面紫晕明显，小叶数量中，下表面无毛，侧小叶长卵形，不裂。花蕾卵形，花姿近平伸，单瓣型，花径小到中，花主色紫（60C），次色分布间杂不规则白色细纹，外轮花瓣近圆形，边缘锯齿很浅，花瓣内侧有菱形紫色（187A）小斑，花丝紫色，雌蕊数量中，柱头红色，心皮被毛稀疏，花盘半肉质，深紫色，部分包被到全包，花香淡，花期中到晚，1年开花仅1次。

　　近似品种为‘华夏玫瑰红’，花主色为紫（66B），1年生枝长，侧花数量多于2，1年中开花次数多于2次，而‘疏影’花主色紫（60C），1年生枝中，侧花数量1或2，1年中开花仅1次。

墨王

（芍药属）

联系人：何丽霞
联系方式：13659316803　国家：中国

申请日： 2016年11月23日
申请号： 20160357
品种权号： 20170145
授权日： 2017年10月17日
授权公告号： 国家林业局公告
（2017年第17号）
授权公告日： 2017年10月27日
品种权人： 甘肃省林业科学技术
推广总站
培育人： 何丽霞、汪淑娟、李
睿、张延东、杨国州、李楠、李
建强

品种特征特性：'墨王'为单瓣类品种，采用远缘杂交育种的方法培育。母本为紫牡丹，父本为紫斑牡丹品种'紫荷'。2003年5月进行杂交并得到种子，2003年9月播种，2005年移栽到试验地，2010年首次开花。

'墨王'株形直立，植株中高，花在株丛外。嫩梢紫红色，1年生枝长，2年生枝花枝数多于2，侧花数量1或2。二回三出复叶，叶长，较宽，叶色深绿，叶片上表面紫晕非常明显，小叶数量少，下表面无毛，侧小叶卵形，中裂。花蕾扁圆形，花姿近平伸，单瓣型，花径中，花主色黑紫（187A），外轮花瓣近圆形，边缘锯齿很浅，花瓣内侧有近圆形黑色（200A）中斑，花丝深紫色，雌蕊数量中，柱头紫黑，心皮被毛稀疏，花盘半肉质，深紫色，部分包被到全包，花香淡，花期中，1年开花仅1次。

近似品种为'黑花魁'，叶片中长，叶片宽，叶片上表面紫晕明显，花蕾圆形，而'墨王'叶片长，叶片宽度中，叶片上表面紫晕非常明显，花蕾扁圆形。

中国林业植物授权新品种（2017）　　　　　　　　　　　　　　　　　　　　145

陇原风采

（芍药属）

联系人：何丽霞
联系方式：13659316803　国家：中国

申请日：2016年11月23日
申请号：20160358
品种权号：20170146
授权日：2017年10月17日
授权公告号：国家林业局公告
（2017年第17号）
授权公告日：2017年10月27日
品种权人：甘肃省林业科学技术
推广总站
培育人：张莉、何丽霞、沈延
民、滕宝琴、张延东、成娟、杨
国州

品种特征特性：'陇原风采'为单瓣类品种，采用远缘杂交育种的方法培育。母本为紫牡丹，父本为紫斑牡丹品种'紫荷'。2005年5月进行杂交并得到种子，2005年9月播种，2007年移栽到试验地，2010年首次开花。

'陇原风采'株形半开展，植株中高，花在株丛外。混合芽卵形，黄褐色，嫩梢紫红色，1年生枝短，2年生枝花枝数多于2，侧花数量1或2。二回三出复叶，叶长，中宽，叶色中绿，叶片上表面紫晕明显，小叶数量中，下表面无毛，侧小叶阔卵形，中到深裂。花蕾卵形，花姿近平伸，单瓣型，花径中到大，花主色墨紫（187B），外轮花瓣倒卵形，边缘锯齿无或很浅，花瓣内侧有近菱形红褐色小斑，花丝红色，雌蕊数量中，柱头紫红，心皮被毛稀疏，花盘半肉质，紫红色，半包，花香淡，花期早，1年中开花仅1次。

近似品种为'雅红'，花主色为墨紫（59B），花瓣基部斑色紫黑，叶片上表面无紫晕，而'陇原风采'花主色为墨紫（187B），花瓣基部斑红褐色，叶片上表面紫晕明显。

靓妆

（芍药属）

联系人：何丽霞

联系方式：13659316803　国家：中国

申请日：2016年11月23日

申请号：20160359

品种权号：20170147

授权日：2017年10月17日

授权公告号：国家林业局公告
（2017年第17号）

授权公告日：2017年10月27日

品种权人：甘肃省林业科学技术
推广总站

培育人：李睿、何丽霞、张延
东、苏宏斌、张莉、杨国州、李
建强

品种特征特性：‘靓妆’为单瓣类品种，采用远缘杂交育种的方法培育。母本为紫牡丹，父本为紫斑牡丹。2003年5月进行杂交并得到种子，2003年9月播种，2005年移栽到试验地，2009年首次开花。

‘靓妆’株形直立，植株中到高，花在株丛外。混合芽卵形，绿色，嫩梢紫红色，1年生枝中，2年生枝花枝数多于2，侧花数量1或2。二回羽状复叶，叶长窄，叶色中绿，叶片上表面紫晕无或极不明显，小叶数量中，下表面无毛，侧小叶长卵形，不裂到浅裂。花蕾长卵形，花姿近平伸，单瓣型，花径小到中，花主色紫（72C），花次色淡黄（11C），块状分布，外轮花瓣倒卵形，边缘锯齿很浅，花瓣内侧有近菱形红褐色斑，斑极小，内侧斑块的白色中肋极明显，花丝深紫，雌蕊数量中，柱头深紫色，心皮被毛稀疏，花盘半革质，深紫色，全部包被，花香淡，花期早，1年开花仅1次。

近似品种为‘梦幻’，花主色紫（53C），叶柄长，花单色，花盘部分包被心皮，而‘靓妆’花主色紫（72C），叶柄中长，花复色，次色为淡黄（11C），花盘全部包被心皮。

示侧蕾

绢红

（芍药属）

联系人：何丽霞

联系方式：13659316803　国家：中国

申请日：2016年11月23日

申请号：20160360

品种权号：20170148

授权日：2017年10月17日

授权公告号：国家林业局公告
（2017年第17号）

授权公告日：2017年10月27日

品种权人：甘肃省林业科学技术
推广总站

培育人：成娟、何丽霞、赵生春、
张莉、杨国州、李楠、宋桂英

品种特征特性：'绢红'为单瓣类品种，采用远缘杂交育种的方法培育。母本为紫牡丹，父本为中原品种'珊瑚台'。2003年5月进行杂交并得到种子，2003年9月播种，2005年移栽到试验地，2010年首次开花。

'绢红'株形开展，植株矮，花与株丛等高或近等高。混合芽卵形，黄褐色，嫩梢紫红色，1年生枝短，2年生枝花枝数多于2，侧花数量1或2。二回三出复叶，叶中长，叶色中绿，叶片上表面紫晕不明显，小叶数量中，下表面无毛或着毛极少，侧小叶卵形，深裂。花蕾圆形，花姿下垂，单瓣型，花径小，花主色红（53A），外轮花瓣倒卵形，边缘锯齿无或很浅，花瓣内侧有卵形紫黑色小斑，花丝紫黑色，花药泛紫色，雌蕊数量中，柱头紫红，心皮被毛稀疏，花盘半肉质，紫红色，部分包被，花香淡，花期中，1年开花仅1次。

近似品种为'墨撒金'，花主色为紫红（59B），叶长，花药黄色，而'绢红'花主色为红（53A），叶中长，花药泛紫色。

玫香红

（芍药属）

联系人：何丽霞
联系方式：13659316803　国家：中国

申请日： 2016年11月23日
申请号： 20160361
品种权号： 20170149
授权日： 2017年10月17日
授权公告号： 国家林业局公告
（2017年第17号）
授权公告日： 2017年10月27日
品种权人： 甘肃省林业科学技术
推广总站
培育人： 何丽霞、李嘉珏、张延
东、李睿、成娟、张莉、杨国州

品种特征特性：'玫香红'为单瓣类品种，采用远缘杂交育种的方法培育。母本为紫牡丹，父本为西北品种'紫荷'。2003年5月进行杂交并得到种子，2003年9月播种，2005年移栽到试验地，2010年首次开花。

株形半开展，植株高，花在株丛外。混合芽卵形，黄褐色，嫩梢紫红色，1年生枝中，2年生枝花枝数多于2，侧花数量1。二回三出复叶，叶色中绿，叶片上表面紫晕明显，小叶数量中，下表面无毛，侧小叶卵形，中裂。花蕾卵形，花姿近平伸，单瓣型，花径中，花瓣主色红色（47A），外轮花瓣倒卵形，边缘锯齿无或很浅，花瓣内侧有菱形黑色（202A）大斑，花丝深紫色，雌蕊数量中，柱头紫红色，心皮被毛稀疏，花盘半肉质，深紫色，部分包被，花香淡，花期中，1年中开花仅1次。

近似品种为'紫砚'，花瓣内侧斑块近圆形，小叶片下表面有毛，而'玫香红'花瓣内侧斑块菱形，小叶片下表面无毛。

甘云红

（芍药属）

联系人：何丽霞

联系方式：13659316803   国家：中国

申请日：2016年11月23日

申请号：20160362

品种权号：20170150

授权日：2017年10月17日

授权公告号：国家林业局公告（2017年第17号）

授权公告日：2017年10月27日

品种权人：甘肃省林业科学技术推广总站

培育人：李建强、何丽霞、杨国州、李睿、宋桂英、张延东、王花兰

品种特征特性：'甘云红'为单瓣类品种，采用远缘杂交育种的方法培育。母本为紫牡丹，父本为紫斑牡丹。2004年4月进行杂交并得到种子，2004年9月播种，2006年移栽到试验地，2010年首次开花。

'甘云红'株形半开展，植株中高，花在株丛外。混合芽卵形，黄褐色，嫩梢紫红色，1年生枝中长，2年生枝花枝数多于2，侧花数量1或2。二回羽状复叶，叶中长，叶色中绿，叶片上表面紫晕明显，小叶数量中，下表面无毛，侧小叶长卵形，不裂。花蕾卵形，花姿近平伸，单瓣型，花径中到大，花瓣主色红（53B），外轮花瓣倒卵形，边缘锯齿很浅到浅，花瓣内侧有椭圆形黑色（203A）大斑，内侧斑块无白色中肋，花丝深紫色，雌蕊数量中，柱头紫色，心皮被毛，花盘半肉质，紫红色，部分包被，花香淡，花期中，1年中开花仅1次。

近似品种为'雅红'，花主色为红（59B），外轮花瓣扁圆形，叶片上表面无紫晕，花直径中，而'甘云红'花主色为红（53B），外轮花瓣倒卵形，叶片上表面紫晕明显，花直径中到大。

美华

（杏）

联系人： 苑克俊

联系方式： 0538-8238791　**国家：** 中国

申请日： 2016年11月23日

申请号： 20160365

品种权号： 20170151

授权日： 2017年10月17日

授权公告号： 国家林业局公告（2017年第17号）

授权公告日： 2017年10月27日

品种权人： 山东省果树研究所

培育人： 苑克俊、王长君、牛庆霖、王培久

品种特征特性： '美华'植株生长势强，树姿直立。成枝能力60%，花芽主要在花束状结果枝和1年生枝上，1年生枝阳面褐色。叶片长10.57cm，宽8.16cm，叶表的绿色程度深，叶基钝圆形，叶片尖端夹角锐角，叶尖长度短，叶缘尖锯齿，叶缘起伏中，叶柄长3.66cm，叶柄蜜腺数无或1个。花瓣单瓣，花径3.2～3.8cm，花瓣下部浅粉红色。果实大小65.6g，椭圆形，纵径5.18cm、侧径4.82cm、横径4.66cm，果实较对称，缝合线浅，梗洼中深，果顶平，果顶尖无，果面光滑，果皮有茸毛、光泽弱，果实底色淡黄，着色面积无或很少、着色浅、着色样式片状，果肉黄色、质地中、纤维中，果实软、香气无或弱，汁液中多、可溶性固形物含量16.1%，离核，果核卵圆形，核仁苦味无或弱，核仁大小0.88g，核仁饱满，初花期中（2016年3月17日），在泰安6月中下旬成熟。

与近似品种'凯特'比较，'美华'树姿直立，核仁苦味无或弱，果实成熟期晚。适宜种植范围为山东省及周边地区杏适宜栽培区。

果实

树姿直立需要拉枝

京春1号

（李属）

联系人：张晓明
联系方式：13522618252　国家：中国

申请日：2016年11月23日
申请号：20160369
品种权号：20170152
授权日：2017年10月17日
授权公告号：国家林业局公告
（2017年第17号）
授权公告日：2017年10月27日
品种权人：北京市农林科学院
培育人：张开春、张晓明、闫国
华、周宇、王晶

品种特征特性：'京春1号'为李属植物，由北京市农林科学院通过酸樱桃和中国樱桃远缘杂交选育而成。

小乔木或灌木，树高5m左右，树姿开张，分枝力中。新梢先端嫩梢花青甙显色程度浅至中，1年生成熟枝条灰白色，光滑，皮孔多，多年生枝皮孔为椭圆形，偶见长条形。幼叶叶面与叶背均具短茸毛；成龄叶片中等椭圆形，较厚，具光泽，上表面为深绿色；叶片尖端角度为锐角，先端长，叶基呈钝角，叶缘锯齿圆钝和锯齿均有，裂刻中至深；叶片大，长宽比中等；叶柄黄绿色，短，叶片对叶柄相对长度长；托叶长度中等；有2个黄色肾形蜜腺，多位于叶柄，紧邻叶基部位。

多年生枝皮孔

京春2号

（李属）

联系人：张晓明
联系方式：13522618252 国家：中国

申请日：2016年11月23日

申请号：20160370

品种权号：20170153

授权日：2017年10月17日

授权公告号：国家林业局公告
（2017年第17号）

授权公告日：2017年10月27日

品种权人：北京市农林科学院

培育人：张开春、张晓明、闫国华、周宇、王晶

品种特征特性：'京春2号'为李属植物，由北京市农林科学院通过酸樱桃和中国樱桃远缘杂交选育而成。

　　小乔木或灌木，树高5m左右，树姿开张，分枝力强。新梢花青甙显色程度深，半木质化部位表现光滑，1年生枝条灰白色，光滑，皮孔数目中多。幼叶叶面与叶背均具稀疏短茸毛；成龄叶片为中等椭圆形，较厚，具光泽，上表面为深绿色；叶片尖端角度为直角，先端长，叶片基部为钝角形，叶缘锯齿圆钝与锯齿均有，锯齿深度深；叶片大，长宽比中等；叶柄红色，短，叶片对叶柄相对长度长；托叶长度中等；有2个黄色圆形蜜腺，多位于叶片基部。

京春3号

（李属）

联系人：张晓明

联系方式：13522618252　国家：中国

申请日：2016年11月23日

申请号：20160371

品种权号：20170154

授权日：2017年10月17日

授权公告号：国家林业局公告
（2017年第17号）

授权公告日：2017年10月27日

品种权人：北京市农林科学院

培育人：张开春、张晓明、闫国
华、周宇、王晶

品种特征特性：‘京春3号’为李属植物，由北京市农林科学院通过酸樱桃和中国樱桃远缘杂交选育而成。

小乔木或灌木，树高5m左右，树姿开张，分枝力中。新梢花青苷显色程度浅至中，半木质化部位表现光滑，1年生枝条灰白色，光滑，皮孔多，多年生枝皮孔长条形和椭圆形均有；幼叶叶面与叶背均具稀疏短茸毛；成龄叶片为中等椭圆形，较厚，具光泽，上表面深绿色；叶片先端长，叶片基部钝角形，叶缘锯齿形状为圆钝与锯齿均有，锯齿深度深；叶片大，长宽比中等；叶柄黄绿色，叶柄短，叶片对叶柄相对长度长；托叶长度中等；有2个黄色肾形蜜腺，多位于叶柄。

兰丁3号

（李属）

联系人：张晓明

联系方式：13522618252　国家：中国

申请日：2016年11月23日

申请号：20160372

品种权号：20170155

授权日：2017年10月17日

授权公告号：国家林业局公告
（2017年第17号）

授权公告日：2017年10月27日

品种权人：北京市农林科学院

培育人：张开春、张晓明、闫国
华、周宇、王晶

品种特征特性：'兰丁3号'为李属植物，由北京市农林科学院通过酸樱桃和中国樱桃远缘杂交选育而成。

小乔木或灌木，树高5m左右，树姿开张，分枝力强。新梢花青甙显色程度浅，半木质化部位表现光滑，1年生枝条灰白色，光滑，皮孔数目少。幼叶叶面与叶背均具稀疏短茸毛；成龄叶片为中等椭圆形，较厚，具光泽，上表面深绿色；叶片尖端角度为锐角，先端长，叶片基部截形，叶缘锯齿圆钝与锯齿均有，锯齿深；叶片中，长宽比中等；叶柄黄绿色，短，叶片对叶柄相对长度长；托叶长度中等；有2个黄色圆形蜜腺，多位于叶柄。

蜜源1号

（刺槐属）

联系人：荀守华

联系方式：0531-88557793 国家：中国

申请日：2016年11月29日

申请号：20160381

品种权号：20170156

授权日：2017年10月17日

授权公告号：国家林业局公告（2017年第17号）

授权公告日：2017年10月27日

品种权人：山东省林业科学研究院、费县国有大青山林场

培育人：荀守华、毛秀红、张元帅、董玉峰、孙百友、董元夫、韩丛聪

品种特征特性：'蜜源1号'为阔叶大乔木，树干通直，树皮浅褐色，浅纵裂；幼树干皮青绿色，光滑，不开裂，无刺或极短；树冠卵圆形，分枝均匀，层轮不明显；侧枝斜展，角度中等，当年生枝无毛；奇数羽状复叶，中等长度；小叶5～17对，中等大小，长椭圆形或长卵形，先端圆或平截具短芒尖，叶缘全缘，春季叶色绿，托叶刺无或极短。总状花序腋生，较长，花序密集，花量大，花序轴无毛，蝶形花，花萼无毛，花萼5裂，较短，花冠白色；春季开花。在鲁中南地区常年花期4月下旬至5月上旬，荚果成熟期在7月下旬至8月上旬。荚果中等大小，无毛被，结实量较大。'蜜源1号'与近似品种'鲁刺10'相比，其性状差异见下表。

品种	幼树干皮颜色	花序密度	结实量
'蜜源1号'	青绿	浓密	较大
'鲁刺10'	灰绿	中等	较少

'蜜源1号'盛花期

绿满青山

（刺槐属）

联系人：荀守华

联系方式：0531-88557793　国家：中国

申请日：2016年11月29日

申请号：20160382

品种权号：20170157

授权日：2017年10月17日

授权公告号：国家林业局公告（2017年第17号）

授权公告日：2017年10月27日

品种权人：山东省林业科学研究院、费县国有大青山林场

培育人：荀守华、孙百友、张元帅、乔玉玲、董玉峰、董元夫、韩丛聪、杨庆山

品种特征特性：'绿满青山'为阔叶大乔木，树干通直，树皮灰褐色，浅纵裂；幼树干皮灰绿色，皮孔黄褐色、密集；树冠长卵形，分枝均匀，层轮不明显；侧枝斜展，角度中等，当年生枝无毛；奇数羽状复叶，中等长度；小叶5～17对，中等大小，长椭圆形或长卵形，先端平截或微凹具短芒尖，叶缘全缘，春季叶色绿，具2个托叶刺，较短。总状花序腋生，较长，花序轴无毛，花萼无毛，花萼5裂，较短，花冠蝶形，白色，春季开花。在鲁中南地区常年花期4月下旬至5月上旬，荚果成熟期在7月下旬至8月上旬。荚果中等大小，无毛被，结实数量较少。该系号速生性好，3年生平均胸径7.83cm，最大8.46cm。近似品种'鲁刺10'3年生平均胸径5.68cm，最大6.86cm。'绿水青山'与近似品种'鲁刺10'相比，其性状差异见下表。

品种	托叶刺	幼树干皮孔	速生性
'绿水青山'	较短	密集	极好
'鲁刺10'	无或极短	稀疏	好

青山纽姿

（刺槐属）

联系人：孙百友

联系方式：13954976588 国家：中国

申请日：2016年11月29日

申请号：20160383

品种权号：20170158

授权日：2017年10月17日

授权公告号：国家林业局公告（2017年第17号）

授权公告日：2017年10月27日

品种权人：费县国有大青山林场、山东省林业科学研究院

培育人：孙百友、荀守华、张元帅、张自和、乔玉玲、毛秀红、杨庆山、宋玉民

品种特征特性：'青山纽姿'为大乔木，多年生树干直，树皮灰褐色，浅纵裂；幼树主干弯曲，2～3年生侧枝弯曲；复叶生长密集，小叶节间距小，复叶柄弯曲；当年生枝无毛；奇数羽状复叶，中等长度；小叶5～10对，中等大小，长卵形，先端平截或微凹，基部近圆形或稍偏圆形，叶片表面波状，不平整，叶缘全缘，春季叶色绿，无托叶刺或极短。总状花序腋生，较长，花序轴无毛，蝶形花，花萼无毛，花萼5裂，较短，花冠白色，春季开花。荚果中等大小，无毛被，结实数量较少。'青山纽姿'与近似品种'扭枝刺槐'相比，其性状差异见下表。

品种	植株株型	2～3年生枝	幼树复叶密度	小叶片密度	叶片表面
'青山纽姿'	大乔木	弯	密集	密集，节间距小	波状
'扭枝刺槐'	灌木	扭曲	中等	稀疏，节间距大	平

3年生树

苗期枝叶

华光

（芍药属）

联系人：卢洁

联系方式：0531-88557715　国家：中国

申请日：2016年12月14日

申请号：20170003

品种权号：20170159

授权日：2017年10月17日

授权公告号：国家林业局公告
（2017年第17号）

授权公告日：2017年10月27日

品种权人：山东省林木种苗和花
卉站

培育人：徐金光、呆承荣、卢
洁、窦霄、孙霞、张鹏远、王
玮、武朝菊、张友慧、周保国

品种特征特性：'华光'为宿根草本，属晚期开花品种。皇冠型，花色浅粉，花瓣饱满，花径12～16cm，无侧蕾，植株俏丽，花梗硬而直，茎挺直而粗壮，全株碧绿透亮，株高60～90cm，可采切长度35～55cm，花直立，叶片狭长，翠绿色，叶片光亮，芽体较大，红色，春季萌芽较晚。

华丹

（芍药属）

联系人：卢洁

联系方式：0531-88557715　国家：中国

申请日：2016年12月14日

申请号：20170006

品种权号：20170160

授权日：2017年10月17日

授权公告号：国家林业局公告
（2017年第17号）

授权公告日：2017年10月27日

品种权人：山东省林木种苗和花卉站

培育人：徐金光、杲承荣、卢洁、窦霄、武朝菊、孙霞、李辉、李兴、周保国、张友慧

品种特征特性：'华丹'为宿根草本，属中期开花品种。花浅红色，台阁型，花冠顶部花冠大，形似山峰。生长势强，茎红色，花直立。株高70~100cm，可采切长度45~65cm。该品种着花量大，花朵耐日晒，耐水养，有浓郁芳香。叶色浓绿，芽红色。

附 表

序号	品种权号	品种名称	属（种）	品种权人	培育人	申请号	申请日	授权日
1	20170001	金焰	蔷薇属	云南云秀花卉有限公司	段金辉、薛祖旺	20140061	2014-04-28	2017-10-17
2	20170002	铺地红霞	蔷薇属	北京林业大学	潘会堂、赵红霞、张启翔、罗乐、丁晓六、王晶、刘佳、于超、程堂仁、王佳	20140161	2014-09-24	2017-10-17
3	20170003	奥斯珂芩（Auskitchen）	蔷薇属	大卫奥斯汀月季公司（David Austin Roses Limited）	大卫·奥斯汀（David Austin）	20150080	2015-04-16	2017-10-17
4	20170004	奥斯布兰可（Ausblanket）	蔷薇属	大卫奥斯汀月季公司（David Austin Roses Limited）	大卫·奥斯汀（David Austin）	20150082	2015-04-16	2017-10-17
5	20170005	奥斯诺波（Ausnoble）	蔷薇属	大卫奥斯汀月季公司（David Austin Roses Limited）	大卫·奥斯汀（David Austin）	20150152	2015-08-18	2017-10-17
6	20170006	云香	蔷薇属	云南省农业科学院花卉研究所	周宁宁、王其刚、邱显钦、李淑斌、王丽花、吴旻、张婷、晏慧君、蹇洪英、唐开学、张颢	20140150	2014-09-01	2017-10-17
7	20170007	瑞普吉0355a（Ruipj0355a）	蔷薇属	迪瑞特知识产权公司（De Ruiter Intellectual Property B.V.）	汉克·德·格罗特（H.C.A. de Groot）	20150180	2015-09-06	2017-10-17
8	20170008	薇薇瑞拉（Vuvuzela）	蔷薇属	迪瑞特知识产权公司（De Ruiter Intellectual Property B.V.）	汉克·德·格罗特（H.C.A. de Groot）	20150165	2015-08-28	2017-10-17
9	20170009	白雪	蔷薇属	云南锦苑花卉产业股份有限公司	倪功、曹荣根、田连通、白云评、乔丽婷、阳明祥	20110131	2011-11-10	2017-10-17
10	20170010	锦秀	蔷薇属	云南锦苑花卉产业股份有限公司	倪功、曹荣根、田连通、白云评、乔丽婷、阳明祥	20120203	2012-12-01	2017-10-17
11	20170011	宝石	蔷薇属	云南锦苑花卉产业股份有限公司	倪功、曹荣根、田连通、白云评、乔丽婷、阳明祥	20120200	2012-12-01	2017-10-17
12	20170012	碧云	蔷薇属	云南锦苑花卉产业股份有限公司	倪功、曹荣根、田连通、白云评、乔丽婷、阳明祥	20120206	2012-12-01	2017-10-17
13	20170013	暗香	蔷薇属	北京市园林科学研究院	巢阳、勇伟、冯慧、周燕	20150228	2015-10-26	2017-10-17
14	20170014	荷克玛丽沃（Hokomarevo）	绣球属	荷兰考斯特控股公司（Kolster Holding BV, The Netherlands）	皮特·考斯特（Peter Kolster）	20160099	2016-05-12	2017-10-17
15	20170015	荷2002（H2002）	绣球属	入江亮次（Ryoji Irie）	入江亮次（Ryoji Irie）	20160157	2016-07-04	2017-10-17
16	20170016	洱海秀	杜鹃花属	大理苍山植物园生物科技有限公司、云南特色木本花卉工程技术研究中心	李奋勇、张长芹、刘国强、钱晓江、张馨	20120133	2012-08-17	2017-10-17
17	20170017	喜红烛	杜鹃花属	大理苍山植物园生物科技有限公司、云南特色木本花卉工程技术研究中心	李奋勇、张长芹、刘国强、钱晓江、张馨	20120135	2012-08-17	2017-10-17
18	20170018	宁绿	槭属	江苏省农业科学院	李倩中、李淑顺、唐玲、闻婧、荣立苹	20130139	2013-09-06	2017-10-17
19	20170019	大棠婷美	苹果属	青岛市农业科学研究院	沙广利、黄粤、马荣群、王芝云、孙吉禄、宫象晖	20130177	2013-12-30	2017-10-17
20	20170020	泓森槐	刺槐属	安徽泓森高科林业股份有限公司	侯金波、王廷敞、杨倩倩、彭晶晶、刘振华、董绍贵、石冠旗	20140166	2014-10-14	2017-10-17
21	20170021	朱凝脂	厚皮香属	浙江森禾种业股份有限公司	王春、郑勇平、顾慧、王越、尹庆平、陈慧芳、项美淑、张光泉、陈岗、刘丹丹	20140193	2014-10-30	2017-10-17
22	20170022	龙仪芳	樟属	宜兴市香都林业生态科技有限公司	陈乐文、洪伟、吴世华	20150009	2015-01-21	2017-10-17

序号	品种权号	品种名称	属（种）	品种权人	培育人	申请号	申请日	授权日
23	20170023	丹玉	含笑属	范继才、罗泽治、李天兴	罗泽治、范继才、易同培	20150017	2015-01-24	2017-10-17
24	20170024	中林1号	卫矛属	北京中林常绿园林科技中心	王木林	20150040	2015-03-19	2017-10-17
25	20170025	普缇	七叶树属	河南四季春园林艺术工程有限公司、鄢陵中林园林工程有限公司	张林、刘双枝、张文馨	20150084	2015-04-29	2017-10-17
26	20170026	春香	连翘属	北京林业大学	潘会堂、张启翔、申建双、石超、叶远俊、胡杏、程堂仁、王佳、丁晓六	20150121	2015-07-01	2017-10-17
27	20170027	斑斓	山茱萸属	黑龙江省森林植物园	李长海、郁永英、翟晓鸥、宋莹莹、范淼	20150126	2015-07-07	2017-10-17
28	20170028	辉煌	山茱萸属	黑龙江省森林植物园	李长海、郁永英、翟晓鸥、宋莹莹、范淼	20150127	2015-07-07	2017-10-17
29	20170029	中柿3号	柿	国家林业局泡桐研究开发中心、西北农林科技大学	杨勇、傅建敏、孙鹏、刁松锋、韩卫娟、索玉静、李芳东、朱高浦、李树战、罗颖	20150170	2015-08-31	2017-10-17
30	20170030	绿衣紫鹏	木兰属	中国科学院华南植物园	杨科明、陈新兰、叶育石、廖景平	20150201	2015-09-30	2017-10-17
31	20170031	香绯	含笑属	棕榈生态城镇发展股份有限公司	王晶、王亚玲、严丹峰、吴建军、赵珊珊	20150225	2015-10-15	2017-10-17
32	20170032	香雪	含笑属	棕榈生态城镇发展股份有限公司	赵强民、王亚玲、王晶、吴建军、赵珊珊、严丹峰	20150226	2015-10-15	2017-10-17
33	20170033	超越1号	越桔属	江苏省中国科学院植物研究所、浙江蓝美科技股份有限公司	姜燕琴、韦继光、曾其龙、张根柱、杨娇、於虹、张德巧	20150232	2015-11-05	2017-10-17
34	20170034	妍华	文冠果	北京林业大学、俏东方生物燃料集团有限公司、中国林业科学研究院林业研究所	敖妍、申展、马履一、贾黎明、苏淑钗、霍永君、于海燕、王静	20150254	2015-12-14	2017-10-17
35	20170035	金箍棒	刚竹属	安吉县林业局、国际竹藤中心、浙江安吉环球竹藤研发中心	张宏亮、郭起荣、张培新、周昌平、王琴、胡娇丽	20150255	2015-12-14	2017-10-17
36	20170036	抱香	山茶属	棕榈生态城镇发展股份有限公司	钟乃盛、刘信凯、高继银、严丹峰	20150269	2015-12-22	2017-10-17
37	20170037	抱星	山茶属	棕榈生态城镇发展股份有限公司	黎艳玲、钟乃盛、叶琦君、徐慧、柯欢、赵鸿杰	20150270	2015-12-22	2017-10-17
38	20170038	抱艳	山茶属	棕榈生态城镇发展股份有限公司	刘信凯、严丹峰、叶琦君、黎艳玲、赵鸿杰、殷爱华	20150271	2015-12-22	2017-10-17
39	20170039	彩黄	山茶属	棕榈生态城镇发展股份有限公司	赵强民、钟乃盛、刘信凯、高继银	20150272	2015-12-22	2017-10-17
40	20170040	黄绸缎	山茶属	棕榈生态城镇发展股份有限公司	高继银、叶琦君、黎艳玲、严丹峰、柯欢、陈杰	20150273	2015-12-22	2017-10-17
41	20170041	风车	木棉属	广东省林业科学研究院	潘文、朱报著、张方秋、徐斌、王裕霞	20160001	2015-12-29	2017-10-17
42	20170042	红星	木棉属	广东省林业科学研究院	张方秋、朱报著、潘文、徐斌、王裕霞	20160002	2015-12-29	2017-10-17
43	20170043	金灿	木棉属	广东省林业科学研究院	朱报著、张方秋、潘文、徐斌、王永峰	20160003	2015-12-29	2017-10-17
44	20170044	青砧8号	苹果属	青岛市农业科学研究院、山东农业大学	沙广利、郝玉金、万述伟、束怀瑞、黄粤、马荣群、赵爱鸿、葛红娟、王珍青	20160013	2016-01-05	2017-10-17
45	20170045	青砧3号	苹果属	青岛市农业科学研究院、山东农业大学	沙广利、郝玉金、万述伟、束怀瑞、赵爱鸿、黄粤、马荣群、葛红娟、王珍青	20160015	2016-01-11	2017-10-17
46	20170046	墨玉籽	核桃属	中国林业科学研究院林业研究所、蓬安天府农业发展有限公司	张俊佩、任勇、滕尚军、马庆国、周乃富	20160016	2016-01-14	2017-10-17
47	20170047	中洛红	核桃属	中国林业科学研究院林业研究所、洛宁县先科树木改良技术研究中心	裴东、徐慧敏、宋晓波、张俊佩、徐慧鸽、马庆国、徐虎智	20160017	2016-01-14	2017-10-17

中国林业植物授权新品种（2017）

序号	品种权号	品种名称	属（种）	品种权人	培育人	申请号	申请日	授权日
48	20170048	映玉1号	杜鹃花属	杭州植物园	朱春艳、余金良、邱新军、王雪芬、江燕、朱剑俊、周绍荣、陈霞	20160044	2016-02-01	2017-10-17
49	20170049	映玉2号	杜鹃花属	杭州植物园	朱春艳、王恩、邱新军、王雪芬、江燕、朱剑俊、周绍荣、陈霞	20160045	2016-02-01	2017-10-17
50	20170050	丽人行	决明属	中国林业科学研究院林业研究所	李斌、郑勇奇、林富荣、郭文英、郑世楷、于淑兰	20160049	2016-02-03	2017-10-17
51	20170051	森森金紫冠	文冠果	宁夏林业研究院股份有限公司	王娅丽、李永华、朱强、李彬彬、沈效东、朱丽珍	20160069	2016-03-01	2017-10-17
52	20170052	紫京	核桃属	王秀坡	王秀坡	20160078	2016-03-21	2017-10-17
53	20170053	紫玛瑙	乌桕属	浙江森禾种业股份有限公司	郑勇平、王春、杨家强、顾慧、尹庆平、陈岗、刘丹丹	20160079	2016-03-24	2017-10-17
54	20170054	独秀1号	文冠果	北京市大东流苗圃、北京林业大学、北京思路文冠果科技开发有限公司	刘春和、关文彬、徐红江、王青、李永芳、林向义	20160086	2016-04-19	2017-10-17
55	20170055	金冠霞帔	文冠果	北京林业大学、辽宁思路文冠果业科技开发有限公司	关文彬、耿占礼、张文臣、王青、黄炎子	20160089	2016-04-19	2017-10-17
56	20170056	勻冠锦霞	文冠果	北京思路文冠果科技开发有限公司、北京林业大学	王青、徐红江、姚飞、李春兰、关文彬	20160090	2016-04-19	2017-10-17
57	20170057	如玉	樟属	德兴市荣兴苗木有限责任公司	周友平、周卫信、周卫荣、周建荣、方腾、王樟富	20160091	2016-04-26	2017-10-17
58	20170058	盛赣	樟属	德兴市荣兴苗木有限责任公司	周友平、周卫信、周卫荣、周建荣、方腾、王樟富	20160092	2016-04-26	2017-10-17
59	20170059	上植华章	山茶属	上海植物园	奉树成、张亚利、郭卫珍、李湘鹏、莫健彬、宋垚、周永元	20160093	2016-04-29	2017-10-17
60	20170060	上植欢乐颂	山茶属	上海植物园	奉树成、张亚利、李湘鹏、郭卫珍、宋垚、莫健彬、周永元	20160094	2016-04-29	2017-10-17
61	20170061	上植月光曲	山茶属	上海植物园	奉树成、张亚利、李湘鹏、郭卫珍、宋垚、莫健彬、周永元	20160095	2016-04-29	2017-10-17
62	20170062	香妃	含笑属	福建连城兰花股份有限公司	饶春荣	20160109	2016-06-03	2017-10-17
63	20170063	旱峰柳	柳属	焦传礼	焦传礼、白云祥	20160118	2016-06-18	2017-10-17
64	20170064	旱豪柳	柳属	焦传礼	焦传礼、白云祥	20160119	2016-06-18	2017-10-17
65	20170065	仁居柳1号	柳属	焦传礼	焦传礼、白云祥	20160120	2016-06-18	2017-10-17
66	20170066	蒙树1号杨	杨属	内蒙古和盛生态科技研究院有限公司	朱之悌、赵泉胜、林惠斌、李天权、康向阳、铁英、封卫平	20160126	2016-06-16	2017-10-17
67	20170067	蒙树2号杨	杨属	内蒙古和盛生态科技研究院有限公司	朱之悌、赵泉胜、林惠斌、李天权、康向阳、铁英、封卫平	20160127	2016-06-16	2017-10-17
68	20170068	金野	紫穗槐属	北京农业职业学院	石进朝	20160132	2016-06-23	2017-10-17
69	20170069	金粉妍	山茶属	中国科学院昆明植物研究所	沈云光、夏丽芳、冯宝钧、王仲朗、谢坚	20160133	2016-06-24	2017-10-17
70	20170070	艳红霞	山茶属	中国科学院昆明植物研究所	沈云光、夏丽芳、冯宝钧、王仲朗、谢坚	20160134	2016-06-24	2017-10-17
71	20170071	紫锦	杜鹃花属	威海七彩生物科技有限公司	戚海峰、丛群、梁中贵、林东旭	20160139	2016-06-27	2017-10-17
72	20170072	津林一号	白蜡树属	天津海润泽农业科技发展有限公司	李玉奎、李蕊、吕宝山、孔凡涛、张景新、张月红、赵阳、许庆良、杨婧、辛娜、魏志勇、袁小磊	20160141	2016-06-29	2017-10-17
73	20170073	芭蕾玉棠	苹果属	中国农业大学	朱元娣、张文、张天柱、李光晨	20160143	2016-06-29	2017-10-17

序号	品种权号	品种名称	属（种）	品种权人	培育人	申请号	申请日	授权日
74	20170074	卷瓣	含笑属	中国科学院昆明植物研究所	熊江、徐海燕、龚洵	20160148	2016-07-01	2017-10-17
75	20170075	蜡瓣	含笑属	中国科学院昆明植物研究所	徐海燕、熊江、龚洵	20160149	2016-07-01	2017-10-17
76	20170076	寒绯	槭属	宁波城市职业技术学院	王志龙、祝志勇、林乐静、林立	20160150	2016-07-04	2017-10-17
77	20170077	黄堇	槭属	宁波城市职业技术学院	祝志勇、林乐静、叶国庆	20160151	2016-07-04	2017-10-17
78	20170078	黄莺	槭属	宁波城市职业技术学院	祝志勇、林乐静、叶国庆	20160152	2016-07-04	2017-10-17
79	20170079	炫红杨	杨属	商丘市中兴苗木种植有限公司	程相军、王爱科、张新建、张和臣、王利民、李树清、程相魁	20160153	2016-07-04	2017-10-17
80	20170080	南林红	枫香属	南京林业大学	张往祥、范俊俊、魏宏亮、谢寅峰、陈永霞、王欢、周婷、赵明明、马得草、曹福亮	20160154	2016-07-05	2017-10-17
81	20170081	玲珑	枫香属	南京林业大学	张往祥、周婷、周道建、范俊俊、彭冶、陈永霞、赵明明、杨萍、曹福亮	20160155	2016-07-05	2017-10-17
82	20170082	粉芭蕾	苹果属	南京林业大学	张往祥、赵明明、范俊俊、周婷、陈永霞、周道建、乔梦、曹福亮	20160156	2016-07-05	2017-10-17
83	20170083	森森金粉冠	文冠果	宁夏林业研究院股份有限公司	王娅丽、沈效东、李永华、朱丽珍、李彬彬、王英红	20160160	2016-07-11	2017-10-17
84	20170084	森森重瓣冠	文冠果	宁夏林业研究院股份有限公司	王娅丽、李永华、沈效东、朱丽珍、李彬彬、王英红	20160161	2016-07-11	2017-10-17
85	20170085	森森桃红冠	文冠果	宁夏林业研究院股份有限公司	王娅丽、沈效东、李永华、朱强、朱丽珍、李彬彬	20160162	2016-07-11	2017-10-17
86	20170086	红焰	槭属	四川七彩林业开发有限公司	高尚、杨金财、张远凤、何程相、郑超、吴佳川、罗雪梅、马建华	20160163	2016-07-14	2017-10-17
87	20170087	鲁柳1号	柳属	山东省林业科学研究院、滨州市一逸林业有限公司	秦光华、焦传礼、宋玉民、乔玉玲、姜岳忠、曹帮华、于振旭、董玉峰、白云祥	20160164	2016-07-19	2017-10-17
88	20170088	鲁柳2号	柳属	山东省林业科学研究院、滨州市一逸林业有限公司	秦光华、焦传礼、宋玉民、乔玉玲、姜岳忠、曹帮华、康智、董玉峰、白云祥	20160165	2016-07-19	2017-10-17
89	20170089	鲁柳3号	柳属	山东省林业科学研究院、沧州市一逸柳树育种有限公司	秦光华、焦传礼、宋玉民、乔玉玲、姜岳忠、桑亚林、刘德玺、刘桂民、白云祥	20160166	2016-07-19	2017-10-17
90	20170090	鲁柳6号	柳属	山东省林业科学研究院、滨州市一逸林业有限公司	秦光华、焦传礼、宋玉民、乔玉玲、姜岳忠、桑亚林、刘德玺、刘桂民、白云祥	20160167	2016-07-19	2017-10-17
91	20170091	银皮柳	柳属	沧州市一逸柳树育种有限公司、山东省林业科学研究院	焦传礼、秦光华、宋玉民、乔玉玲、姜岳忠、杨庆山、魏海霞、白云祥	20160168	2016-07-19	2017-10-17
92	20170092	仁居柳2号	柳属	滨州市一逸林业有限公司、山东省林业科学研究院	焦传礼、秦光华、宋玉民、乔玉玲、姜岳忠、王霞、李永涛、杨庆山、白云祥	20160169	2016-07-19	2017-10-17
93	20170093	紫绒洒金	牡丹	山东农业大学	赵兰勇、赵明远、徐宗大、于晓艳、邹凯	20160188	2016-07-25	2017-10-17
94	20170094	满堂红	苹果属	山东省林业科学研究院、昌邑海棠苗木专业合作社、昌邑市林业局	许景伟、胡丁猛、王立辉、闫兴建、李传荣、明建芹、孔雪华、刘盛芳、亓玉昆	20160196	2016-08-01	2017-10-17
95	20170095	红霞	苹果属	昌邑海棠苗木专业合作社、昌邑市林业局、山东省林业科学研究院	王圣仟、胡丁猛、明建芹、姚兴海、王立辉、王春海、闫兴建、刘浦孝、韩友吉	20160197	2016-08-01	2017-10-17
96	20170096	香荷	苹果属	昌邑海棠苗木专业合作社、山东省林业科学研究院、西诺(北京)花卉种业有限公司	王立辉、姚兴海、朱升祥、胡丁猛、齐伟婧、孔雪华、王春海、李珊、明建芹、钱振权	20160198	2016-08-01	2017-10-17
97	20170097	银杯	苹果属	昌邑海棠苗木专业合作社、昌邑市林业局、山东省林业科学研究院	姚兴海、王立辉、朱升祥、胡丁猛、齐伟婧、孔雪华、王春海、李珊、明建芹	20160199	2016-08-01	2017-10-17

序号	品种权号	品种名称	属（种）	品种权人	培育人	申请号	申请日	授权日
98	20170098	美慧	李属	昌邑海棠苗木专业合作社、山东省林业科学研究院、昌邑市林业局	胡丁猛、王立辉、明建芹、朱升祥、王圣仟、李传荣、闫兴建、姚兴海、齐伟婧	20160200	2016-08-01	2017-10-17
99	20170099	海霞	李属	昌邑海棠苗木专业合作社、山东省林业科学研究院、昌邑市林业局	董伟刚、胡丁猛、许景伟、王立辉、明建芹、李传荣、韩友吉、臧真荣、李宗泰	20160201	2016-08-01	2017-10-17
100	20170100	美人楝	楝属	商丘市中兴苗木种植有限公司、河南省农业科学院园艺研究所	王爱科、程相军、王利民、张和臣、孟月娥、符真珠、陈金焕、程相魁	20160208	2016-08-01	2017-10-17
101	20170101	光红杨	杨属	商丘市中兴苗木种植有限公司、河南省农业科学院园艺研究所	程相军、王爱科、张和臣、王利民、陈金焕、程相魁	20160209	2016-08-01	2017-10-17
102	20170102	永福彩霞	桂花	山东农业大学、福建新发现农业发展有限公司	臧德奎、吴其超、陈日才、陈朝暖、陈小芳、陈菁菁、步俊彦、张晴	20160211	2016-08-12	2017-10-17
103	20170103	朝阳金钻	桂花	福建新发现农业发展有限公司	陈日才、陈朝暖、陈小芳、陈菁菁、臧德奎	20160212	2016-08-12	2017-10-17
104	20170104	永福紫绚	桂花	福建新发现农业发展有限公司	陈日才、陈朝暖、陈小芳、陈菁菁、臧德奎	20160213	2016-08-12	2017-10-17
105	20170105	玉牡丹	杜鹃花属	江苏省农业科学院	刘晓青、肖政、贾新平、孙晓波、何丽斯、陈尚平、苏家乐、邓衍明	20160214	2016-08-15	2017-10-17
106	20170106	霞绣	杜鹃花属	江苏省农业科学院	李畅、刘晓青、邓衍明、何丽斯、梁丽建、肖政、陈尚平、苏家乐	20160215	2016-08-15	2017-10-17
107	20170107	淑媛	苹果属	山东省林业科学研究院、昌邑海棠苗木专业合作社、昌邑市林业局	胡丁猛、许景伟、王立辉、李传荣、朱升祥、闫兴建、明建芹、姚兴海、任飞、韩丛聪	20160216	2016-08-22	2017-10-17
108	20170108	雪琴	苹果属	昌邑海棠苗木专业合作社、山东省林业科学研究院、昌邑市林业局	闫兴建、胡丁猛、许景伟、李传荣、王立辉、王圣仟、明建芹、冯瑞廷、朱文成、舒秀阁	20160217	2016-08-22	2017-10-17
109	20170109	华金6号	忍冬属	山东中医药大学	张永清	20160218	2016-08-26	2017-10-17
110	20170110	青鋬	金露梅	北京农学院	郑健、张彦广、冷平生、董素静、胡增辉、窦德泉、关雪莲	20160224	2016-08-31	2017-10-17
111	20170111	中柿4号	柿	国家林业局泡桐研究开发中心	傅建敏、孙鹏、刁松锋、韩卫娟、李芳东、索玉静、赵罕、刘攀峰、梁臣、雷小林、罗颖	20160225	2016-09-01	2017-10-17
112	20170112	楚林保魁	核桃属	湖北省林业科学研究院、保康县核桃技术推广中心、中国林业科学研究院林业研究所	徐永杰、王其竹、宋晓波、廖舒、王代全、李玲、常昌富、方立军、陈永高、蔡德军、李孝鑫、余正文、郭赟	20160244	2016-09-18	2017-10-17
113	20170113	娇玉	木兰属	北京林业大学、三峡大学、五峰博翎红花玉兰科技发展有限公司	马履一、段劼、桑子阳、陈发菊、贾忠奎、朱仲龙、张德春、王罗荣、杨杨、邓世鑫	20160252	2016-09-20	2017-10-17
114	20170114	娇莲	木兰属	北京林业大学、三峡大学、五峰博翎红花玉兰科技发展有限公司	马履一、贾忠奎、桑子阳、陈发菊、朱仲龙、张德春、段劼、王罗荣、杨杨、汪力	20160253	2016-09-20	2017-10-17
115	20170115	娇丹	木兰属	五峰博翎红花玉兰科技发展有限公司、北京林业大学、三峡大学	马履一、桑子阳、陈发菊、贾忠奎、朱仲龙、张德春、段劼、王罗荣、杨杨、肖爱华	20160254	2016-09-20	2017-10-17
116	20170116	初恋	锦带花属	黑龙江省森林植物园	马立华、庄倩、周勇、时雅君、雷桂杰、赵丽	20160258	2016-09-21	2017-10-17
117	20170117	传奇	锦带花属	黑龙江省森林植物园	马立华、庄倩、周勇、时雅君、雷桂杰、赵丽	20160259	2016-09-21	2017-10-17

序号	品种权号	品种名称	属（种）	品种权人	培育人	申请号	申请日	授权日
118	20170118	蝶舞	锦带花属	黑龙江省森林植物园	庄倩、马立华、周勇、时雅君、王颖、赵丽、雷桂杰	20160260	2016-09-21	2017-10-17
119	20170119	极致	锦带花属	黑龙江省森林植物园	庄倩、马立华、周勇、时雅君、王颖、赵丽、雷桂杰	20160262	2016-09-21	2017-10-17
120	20170120	心动	锦带花属	黑龙江省森林植物园	庄倩、马立华、周勇、时雅君、赵丽、雷桂杰	20160266	2016-09-21	2017-10-17
121	20170121	绚彩	锦带花属	黑龙江省森林植物园	马立华、庄倩、周勇、时雅君、雷桂杰、赵丽	20160267	2016-09-21	2017-10-17
122	20170122	紫惑	锦带花属	黑龙江省森林植物园	庄倩、马立华、周勇、时雅君、王颖、赵丽、雷桂杰	20160268	2016-09-21	2017-10-17
123	20170123	紫媚	锦带花属	黑龙江省森林植物园	庄倩、马立华、周勇、时雅君、王颖、赵丽、雷桂杰	20160269	2016-09-21	2017-10-17
124	20170124	红粉佳人	李属	南京林业大学、王珉	王珉、伊贤贵、王华辰、段一凡、陈林、王贤荣	20160275	2016-10-11	2017-10-17
125	20170125	黄金蜜	杏	山东省果树研究所	薛晓敏、王金政、张安宁、韩雪平、王金华、陈汝	20160277	2016-10-11	2017-10-17
126	20170126	龙金蜜	杏	山东省果树研究所	王金政、薛晓敏、韩雪平、陈汝、陈永贵	20160278	2016-10-11	2017-10-17
127	20170127	香穗	山茶属	宁波大学、宁波植物园筹建办公室	倪穗、王大庄、游鸣飞、郑小青、陈越、谢雄飞、张文	20160281	2016-10-12	2017-10-17
128	20170128	幻彩	石楠属	李玉祥	李玉祥、章建红、焦艳丽、焦猛、李玉峰	20160289	2016-10-17	2017-10-17
129	20170129	金凤凰	石楠属	李玉祥	李玉祥、章建红、焦艳丽、焦猛、李玉峰	20160290	2016-10-17	2017-10-17
130	20170130	金镶玉	刺槐属	河南名品彩叶苗木股份有限公司	王华明、饶放、袁向阳、王华昭、石海燕、贾涛、万秀娟、马世友、杨谦、张根梅、李春枝、王敏、朱亚菲、陈光、任甸甸、曹倩	20160332	2016-11-20	2017-10-17
131	20170131	甘林黄	芍药属	甘肃省林业科学技术推广总站	张延东、何丽霞、沈延民、宋桂英、成娟、张莉、杨国州	20160343	2016-11-23	2017-10-17
132	20170132	飞花似梦	芍药属	甘肃省林业科学技术推广总站	杨国州、何丽霞、李睿、何智宏、张延东、宋桂英、李楠	20160344	2016-11-23	2017-10-17
133	20170133	金城墨玉	芍药属	甘肃省林业科学技术推广总站	李睿、何丽霞、陈富慧、陈惠兰、宋桂英、陈富飞、沈延民	20160345	2016-11-23	2017-10-17
134	20170134	丹心	芍药属	甘肃省林业科学技术推广总站	李建强、何丽霞、张延东、杨国州、成娟、张莉、马春鲤	20160346	2016-11-23	2017-10-17
135	20170135	波心	芍药属	甘肃省林业科学技术推广总站	张延东、何丽霞、李建强、成娟、沈延民、张莉、杨国州	20160347	2016-11-23	2017-10-17
136	20170136	丛林奇观	芍药属	甘肃省林业科学技术推广总站	何丽霞、王花兰、李睿、张莉、张延东、成娟、王丽	20160348	2016-11-23	2017-10-17
137	20170137	紫云雀	芍药属	甘肃省林业科学技术推广总站	杨全生、何丽霞、何智宏、成娟、赵生春、张延东、马春鲤	20160349	2016-11-23	2017-10-17
138	20170138	仙女	芍药属	甘肃省林业科学技术推广总站	李睿、何丽霞、成娟、张延东、李建强、杨国州、曹诚	20160350	2016-11-23	2017-10-17
139	20170139	云鄂粉	芍药属	甘肃省林业科学技术推广总站	杨全生、何丽霞、苏宏斌、杨国州、张延东、李楠、李建强	20160351	2016-11-23	2017-10-17
140	20170140	紫荷韵	芍药属	甘肃省林业科学技术推广总站	张延东、何丽霞、李睿、王花兰、李楠、成娟、杨国州	20160352	2016-11-23	2017-10-17

序号	品种权号	品种名称	属（种）	品种权人	培育人	申请号	申请日	授权日
141	20170141	洮绢	芍药属	甘肃省林业科学技术推广总站	李楠、何丽霞、张莉、成娟、李睿、王花兰、宋桂英	20160353	2016-11-23	2017-10-17
142	20170142	洮玉	芍药属	甘肃省林业科学技术推广总站	成娟、何丽霞、李睿、张延东、王丽、张莉、杨国州	20160354	2016-11-23	2017-10-17
143	20170143	天鹅绒	芍药属	甘肃省林业科学技术推广总站	宋桂英、何丽霞、李楠、李睿、马春鲤、张延东、成娟	20160355	2016-11-23	2017-10-17
144	20170144	疏影	芍药属	甘肃省林业科学技术推广总站	李茂哉、何丽霞、张莉、王花兰、张延东、李楠、宋桂英	20160356	2016-11-23	2017-10-17
145	20170145	墨王	芍药属	甘肃省林业科学技术推广总站	何丽霞、汪淑娟、李睿、张延东、杨国州、李楠、李建强	20160357	2016-11-23	2017-10-17
146	20170146	陇原风采	芍药属	甘肃省林业科学技术推广总站	张莉、何丽霞、沈宝民、滕宝琴、张延东、成娟、杨国州	20160358	2016-11-23	2017-10-17
147	20170147	靓妆	芍药属	甘肃省林业科学技术推广总站	李睿、何丽霞、张延东、苏宏斌、张莉、杨国州、李建强	20160359	2016-11-23	2017-10-17
148	20170148	绢红	芍药属	甘肃省林业科学技术推广总站	成娟、何丽霞、赵生春、张莉、杨国州、李楠、宋桂英	20160360	2016-11-23	2017-10-17
149	20170149	玫香红	芍药属	甘肃省林业科学技术推广总站	何丽霞、李嘉珏、张延东、李睿、成娟、张莉、杨国州	20160361	2016-11-23	2017-10-17
150	20170150	甘云红	芍药属	甘肃省林业科学技术推广总站	李建强、何丽霞、杨国州、李睿、宋桂英、张延东、王花兰	20160362	2016-11-23	2017-10-17
151	20170151	美华	杏	山东省果树研究所	苑克俊、王长君、牛庆霖、王培久	20160365	2016-11-23	2017-10-17
152	20170152	京春1号	李属	北京市农林科学院	张开春、张晓明、闫国华、周宇、王晶	20160369	2016-11-23	2017-10-17
153	20170153	京春2号	李属	北京市农林科学院	张开春、张晓明、闫国华、周宇、王晶	20160370	2016-11-23	2017-10-17
154	20170154	京春3号	李属	北京市农林科学院	张开春、张晓明、闫国华、周宇、王晶	20160371	2016-11-23	2017-10-17
155	20170155	兰丁3号	李属	北京市农林科学院	张开春、张晓明、闫国华、周宇、王晶	20160372	2016-11-23	2017-10-17
156	20170156	蜜源1号	刺槐属	山东省林业科学研究院、费县国有大青山林场	苟守华、毛秀红、张元帅、董玉峰、孙百友、董元夫、韩丛聪	20160381	2016-11-29	2017-10-17
157	20170157	绿满青山	刺槐属	山东省林业科学研究院、费县国有大青山林场	苟守华、孙百友、张元帅、乔玉玲、董玉峰、董元夫、韩丛聪、杨庆山	20160382	2016-11-29	2017-10-17
158	20170158	青山纽姿	刺槐属	费县国有大青山林场、山东省林业科学研究院	孙百友、苟守华、张元帅、张自和、乔玉玲、毛秀红、杨庆山、宋玉民	20160383	2016-11-29	2017-10-17
159	20170159	华光	芍药属	山东省林木种苗和花卉站	徐金光、吴承荣、卢洁、窦霄、孙霞、张鹏远、王玮、武朝菊、张友慧、周保国	20170003	2016-12-14	2017-10-17
160	20170160	华丹	芍药属	山东省林木种苗和花卉站	徐金光、吴承荣、卢洁、窦霄、武朝菊、孙霞、李辉、李兴、周保国、张友慧	20170006	2016-12-14	2017-10-17